補氣血、暖腸胃，
向長壽的香港人學習融合中醫觀念的飲食智慧，
用一種雞湯湯底變化出50道創意湯品，
一日一湯常保健康。

世界一流的
港式家傳雞湯

中醫醫學博士 楊 高木祐子——著
連雪雅——譯

前言

悠然自適、日日快活
健康長壽的香港人
無病無痛、活力到老

以「食在香港」聞名全球的香港人都有一套維持健康的「每日飲食智慧」。例如「夏天很熱容易中暑，所以要吃冬瓜」、「別讓今天的疲勞成為明天的過勞，所以要喝雞湯」。

唐代藥王孫思邈在其著作《備急千金要方》中如此建言：「食治應先於藥治」（覺得身體不舒服時，先以食物調養身體，如果還是沒有改善再吃藥）。

也就是「輕微的不適以食物調養，真正的疾病再吃藥醫治！」的意思。

「生病了再治病」，誰不是這樣呢？

生病已經很難受了，治病更是難受。

「既然如此，好好維持健康不就好了！」這麼說是沒錯，只是知易行難。

況且，我們的身體不只是「健康狀態」與「生病狀態」那麼極端的白與黑，而是「雖然偶有小病痛，倒也沒必要看醫生」，是介於白與黑的灰色狀態。

稱不上健康也不是生病，相當於緩衝地帶的灰色狀態，日復一日持續惡化。隨著年齡增長而衰退的身體；季節氣候、氣溫的變化或人際關係造成內心的磨耗，或是未察覺而不斷累積的小毛病等，這些都會讓灰色狀態愈來愈接近黑色的生病狀態。

有些人能夠及時發現，但大部分的人都身處於灰色狀態。

其實香港人早就知道灰色狀態（亞健康）的存在，也深知等到生病再治病就為時已晚。

因此「為了避免疾病上身」，他們會思考該怎麼做才能讓自己的灰色狀態稍微接近白色的健康狀態。這就像是每天打掃一下，大掃除時就會很輕鬆。

只要每天改善輕微的不適就能阻止疾病上身。更棒的是，還能更

接近白色的健康狀態。這恐怕不容易做到吧？其實非常簡單。避免疾病上身的方法，那就是「調整飲食」。

無論是健康的身體、灰色狀態的身體或生病的身體，人體都是由食物構成的。只要好好攝取營養就沒問題。

即便身體容易因為某些原因馬上變成亞健康的狀態，香港人懂得利用飲食將身體調整成白色的健康狀態。他們知道食材對身體的效用，所以都會積極透過飲食讓自己維持在白色的健康狀態。

＊「亞健康」其實是英文「sub-health」的中文翻譯。世界衛生組織（WHO）在 1948 年制定出健康的定義：健康是指「肉體、心理、精神，以及社會性健全的狀態」。「亞健康」則指「介於疾病與健康之間的半健康狀態。雖然不必就醫，平時卻經常感到身體不適或有問題的狀態」。

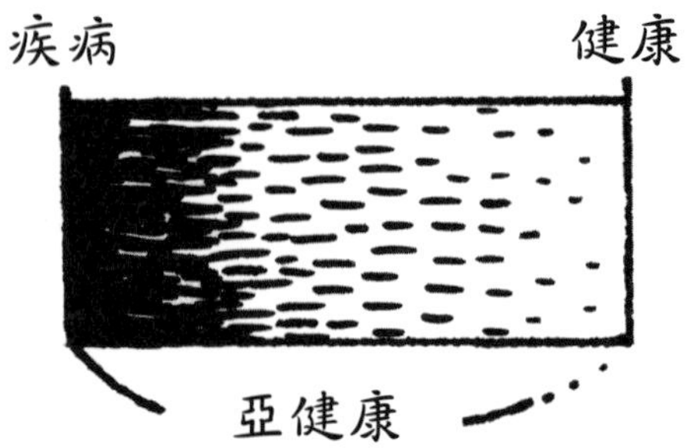

老化的原因是「硬邦邦」年輕的祕訣是「放輕鬆」

到了一定的歲數，有些人會被稱讚「你真的看不出年紀耶」，有些人則會顯露出歲月的痕跡。兩者的差異在於「上了年紀後有無衰老」，也就是「比起年輕的時候，外貌有沒有改變」。

30歲前，即使沒有費心保養皮膚或身材，還是能夠維持不錯的狀態，反正只要化妝就能變漂亮。邁入30歲後，開始在意起年輕時毫不在乎的部分。到了40、50多歲愈來愈煩惱，總是擔心自己看起來比實際年齡老，並在心中極力否定殘酷的現實。

不過，有些50、60多歲的人始終能保持與年輕時差不多的感覺。無論男女，總是充滿活力，肌膚有光澤、臉上看不到斑點或毛孔，看起來比實際年齡年輕。

各國與各地區的平均壽命（2014年‧歲）

女性			男性		
1(1)	日　本	86.83	1(1)	香　港	81.17
2(2)	香　港	86.75	2(2)	冰　島※	80.8
3(3)	西班牙※	85.6	3(4)	日　本	80.5
4(4)	法　國	85.4	3(3)	瑞　士※	80.5
5(6)	韓　國※	85.1	3(5)	新加坡	80.5

註：摘錄自2015/7/30《日本經濟新聞》，「※」為2013年的數據。

男性　世界No.1香港、No.3日本
女性　世界No.1日本、No.2香港
港日的長壽排名不相上下。

為何會有這樣的差異？

現代人活到90歲早已不足為奇。中醫認為，人類身心的巔峰期，女性是35歲左右，男性約是40歲。過了這個年紀，身心狀態會逐漸衰退。過去總說人生五十年，所以沒什麼太大的影響。如今可是人生一百二十年，花甲重開（二巡花甲之年）是很有可能發生的事。

然而，身心的巔峰期依然如昔。因此，我們得好好思考如何在漫長的人生中延長巔峰期。

多年來，我一直努力探究老化的原因，簡單歸納出來的結論如下圖所示。中醫主張身心一體，因此老化會顯現於身體的內外與內心。其中的共通點是「僵固」的現象。

季節或氣溫讓身體由外變冷，攝取冰冷食物讓身體由內變冷，然後變得僵硬。

由於季節的氣候變化，身體由外變乾燥，假如沒有補充足夠的水分，身體的內外都會變乾、變硬。

此外，感受到壓力時，內心也會變得緊繃僵硬。

乾燥：廚房裡洗碗用的海綿，吸飽水時很柔軟，乾掉後就會變硬。我們的身體也是如此。還是小寶寶的時候，全身水潤有彈性，過了巔峰期就變得乾皺僵硬。

畏寒：遇熱軟化的奶油，放進冰箱就會變硬。人體也是，夏天吹冷氣、攝取冰冷飲食讓身體變冷，冬天因為天氣冷，身體也跟著變冷，最後自然變得僵硬。

壓力：覺得火大、心煩氣躁、沮喪低落的瞬間，是否影響呼吸？憋氣時身體會因為出力而變硬。

老化的原因

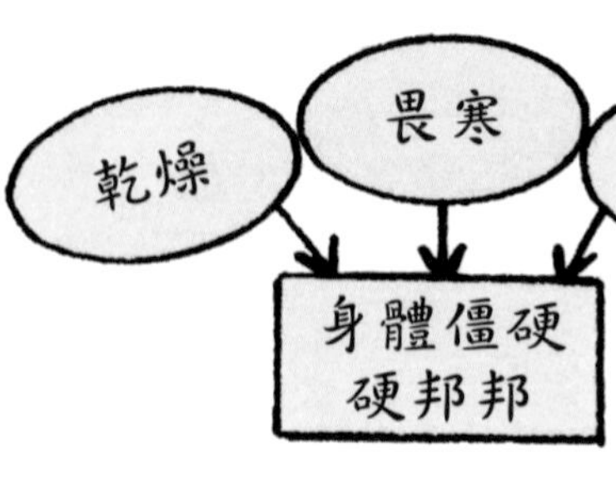

也就是說，當身體遭遇「冰冷、乾燥或壓力」就會變得「硬邦邦」，使體內循環變差。

於是，女性到了35歲，身心無法保持巔峰狀態，就開始逐漸衰老。不過，只要嘗試讓「硬邦邦」的僵硬身體變「輕鬆」，就能延緩老化！

身心放鬆，悠然自得。這麼一來就不容易變老，所以香港人都很健康、長壽。

去做與老化原因相反的事就對了。
變乾燥前先滋潤、受寒前先保暖、不要累積壓力。
如此一來，身心獲得舒展，就能輕鬆自在。

目次

第3章◉解決身體毛病的養生食療……064

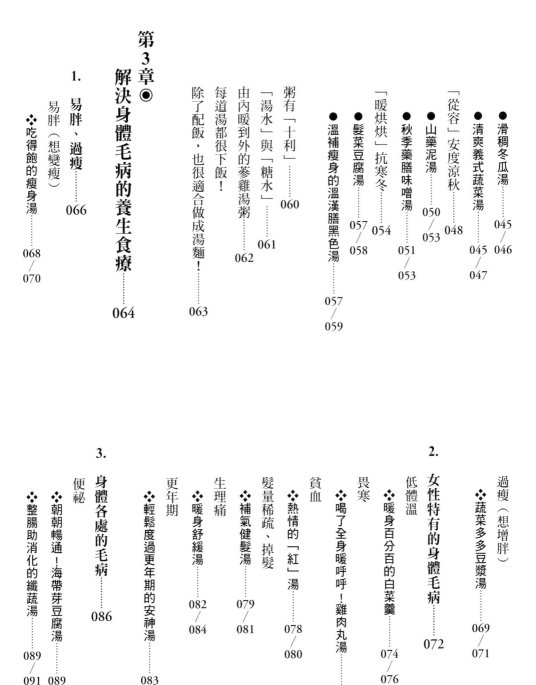

本書使用方法

○關於材料的「適量」，請依個人喜好斟酌調整。需要加多少鹽，視水量或熬煮狀態而異，請邊試味道邊調味。「1小撮」是指用拇指、食指、中指抓起的量。

○煮、炒等加熱時間僅供參考。加熱速度會因為鍋具或熱源、機種產生差異，請視情況斟酌調整。

○關於計量單位，1杯＝200㎖、1大匙＝15㎖、1小匙＝5㎖。

○關於作法的說明，部分的事前準備如「洗菜」、「去皮」、「去蒂」等省略未寫。蔬菜的切法、大小請依個人喜好調整。如果切得比較大塊，需要較長的加熱時間，喜歡的口感（軟綿或爽脆）也依時間而異。做菜時請保持輕鬆的心情。

○本書都是選用方便取得的食材，假如買不到的話，請以配合季節或症狀的食材代替。

關於本書

＊本書介紹的湯對健康長壽雖有助益，但不具治病療效。若持續出現某些不對勁的症狀，或許是重大疾病的徵兆，請盡速向醫師尋求協助。

＊「氣」是中醫用語，意思是人體各器官運作的原動力、能量。

＊「陰」、「陽」出自中醫的陰陽說。宇宙由「陰」、「陽」成立，陰陽一旦失調，就會導致亞健康。

第1章◉香港的湯、楊家的湯

「飲食」延長香港人的健康餘命*

儘管已經在香港生活了三十多年，香港人旺盛的精力總令我感到驚奇。好比飲茶，全家大小聚在茶餐廳，大夥兒邊聊邊吃，店內人聲轟轟，洋溢著熱情活力。這完全顛覆日本人「吃飯得保持安靜」的觀念。我心想，不能輸給鄰桌的客人，索性豁出去放聲說笑、大口吃喝，結果在座的每個人都笑開懷，這正是香港的神奇魅力！

某天，我去逛九龍城的市場，眼前出現一位高挑修長的男性背影。平常總板著臉做生意的大嬸們，頓時露出羞怯少女般的表情。正當我納悶地心想「現在是怎樣？」時，那位男性突然轉過身，結果我也立刻羞紅了臉。天啊！居然是香港的超級巨星周潤發先生。

大嬸們紅著臉輕聲細問：「今天怎麼會親自來市場買東西啊？」，周潤發先生以爽朗的笑容回道「我有個很想吃的東西，可是我太太不幫我做，我只好自己來買材料回家做囉！那個東西一定要用這家店的牡蠣乾才行啊」。

看來，就算是巨星名人，有想吃的東西還是會親自選購。對美食的堅持真是了不起。而且，他的造訪也帶給大嬸們無比的幸福，這也是一種香港魅力！

剛開始在香港生活的那年夏天，我才明白香港人口中的甜點原來不是甜的。「我們去吃甜點吧？」在朋友的邀約下，我滿心期待地跟去，是起司蛋糕？巧克力蛋糕？還是冰淇淋呢？朋友帶我去的地方是位於佐敦的「糖水檔」（請參閱P.140）。那兒與其說是甜點店，比較像是小餐館。菜單上寫滿各種解饞小點，如麵類、燒賣等。「這兒哪是甜點店啊？」我忍不住發起牢騷，朋友指了指菜單上的照片，有湯圓、薑汁地瓜、綜合豆湯等。「加薑和豆子的東西算哪門子的甜點？」正當我百思不解之際，朋友催促著問：

「你要吃熱的還是冷的？」

見我遲遲做不了決定，朋友乾脆兩種都幫我點了。熱的確實是熱呼呼，冷的卻是沒加冰的常溫狀態。

熱呼呼的甜點!!冷的竟是常溫!!

「冰冷的東西千萬別吃！那是美容的大忌」香港女性的這句話，我深表同感。

碗裡裝著像配菜的東西，香港人說這是甜點，當時真教人不敢相信。然而，現在當我吃到熱呼呼的地瓜，反倒覺得那股天然的香甜很暖心。

香港人憧憬「健康長壽」的生活，「用自己的雙眼見識一切、靠自己的雙腳走遍各地、以自己的力量細嚼慢嚥，活得長長久久」，保持年輕的外表更是絕對目標。對香港人來說，不「妝」模作樣的「自然」就是美。

＊譯註：健康餘命譯自英文「health expectancy」，全名是健康平均餘命。

世人常說日本人的平均壽命是全球第一，但依我所見，將「不老長壽」視為目標的香港人才擁有「世界第一的健康餘命」。

（請參閱P.5各國與各地區的平均壽命）

為何香港人擁有「世界第一的健康餘命」

這純粹是我個人的看法，篤信「醫食同源」、「食在香港」的香港人認為想要活得健康長壽，就得顧好飲食。

已在香港生活多年的我發現，香港人視為生活智慧且習以為常的「符合中醫觀念的理想飲食生活」正是祕訣所在。

「符合中醫觀念的理想飲食生活」是指：

・全食物（不吃只萃取有效成分的營養補給品，而是吃真正的食物）

・容易消化吸收的飲食

・容易補充營養的飲食

・容易補充水分的飲食

・能夠充分排除老廢物質的飲食

・配合季節的飲食

更重要的是——

・溫熱的飲食

香港人也認為不要獨自進食，有人陪伴邊吃邊聊才會「活得健康長壽」。

「茄子啊～今天還好嗎？」——像這樣與身體對話。「胡蘿蔔啊～你會幫我調養身體吧？」——像這樣與食材對話。「北風啊～我要吃什麼才能和你相處融洽呢？」——像這樣與季節對話。

這就好比「明天要考試，吃完這個繼續加油喔！」為一同進食的人著想的心意。

在香港，餐餐下廚的家庭不在少數，對他們而言，「每天喝媽媽親手做的湯」就是實現中醫觀念理想飲食生活的不二法則。這也是與日本飲食生活最大的差異。仔細想想，在日本等同於這般家常味的，應該是日漸式微的「味噌湯」吧……。

每天必喝！香港媽媽的煲湯

香港的媽媽每天都會配合家人的身體狀態或是依照四季交替費心熬湯。就算已經在外吃過飯了，香港人回到家還是會喝湯。

香港人深知，每天喝一碗媽媽親手熬煮的湯，能夠改善因為當天氣候或瑣事導致的身體不適。

能直接品嚐到食材的天然滋味是香港媽媽煲湯的特色。調味通常只放少許的鹽，味道清淡樸素。當然，絕對不加味精等任何的化學調味料。

三十多年前，初到香港的我第一次去朋友家吃晚餐。就座後，先喝了一口湯，**「味道也太淡了吧！根本沒味道啊」**。看著朋友全家都喝得很開心，我心中暗想「不會吧，這麼沒味道的東西，他們怎麼喝得津津有味？我恐怕喝不完整碗。還是先吃飯菜好了……」。

可是，我沒辦法夾菜吃飯……。因為，大家都只拿到一付碗筷和湯匙。必須把碗裡的湯喝完才能繼續吃下去。

我原以為是那位朋友家才那樣，後來去了其他朋友家也都一樣，總是只有一個碗。

即使無奈，每次也只能忍著把湯喝完。直到某

天我突然意識到，原本覺得食之無味的湯，現在喝起來卻有股天然的美味，讓我著實嚇了一跳！

有段時期，我每天都很幸運能喝到朋友母親熬的熱湯。起初受不了香港濕熱天氣的我老是感冒、肚子痛，持續喝了一陣子的熱湯後，身體不適的症狀消失了。不光如此，因為心情或身體不舒服而逐漸僵硬的身體，不知不覺間也**變得輕鬆**，這都是我切身的感受。

自從了解香港媽媽的煲湯是多麼美味之後，只要吃一口，我就能分辨冷凍與非冷凍、養殖與天然食材的差異。

「醫食同源」、「食在香港」

原來是這麼一回事啊！我覺得自己愈來愈像香港人了！

中醫有所謂的「漢方百日」原則。花時間慢慢療治就能由內改善體質，進而改變味覺。真正有益身體的東西不會馬上見效，必須經過一段時間才會漸漸發揮效用。一旦感受到身體出現好的變化，將會令你滿心歡喜。

・小專欄・

「漢方百日」法則

根據中醫的理論，治療有無效果是以 100 天為一個週期來做判斷。例如，「構成身體的細胞皆有壽命，約莫 100 天，身體的各處都會重生」。另外像是，「上健身房鍛鍊身體，大概得花 100 天左右，才會看得出外在的變化」。想要提升美麗與活力，無論是保養皮膚或減重至少也要持續 100 天。或許有人會覺得 100 天很漫長，但一年等於 100 天的三倍半，這麼想的話，其實 100 天真的不長，對吧？

楊家湯——雞湯是基本

香港人多用雞或豬熬湯，我家的湯是以雞湯為主。

中醫認為「雞乃滋補之物，溫潤身體、健胃益胰」，還能「補氣血（消除疲勞，增強體力）」、「暖腸胃、助消化（改善食慾不振、腹瀉或便祕）」。

此外，在中國明代的《本草綱目》中也記載「雞可補強肝腎肺等內臟，調整脾胃，對婦科疾病與產後休養也很有幫助」。

好處多多！奇「雞」功效

◎美肌

中醫認為「肌膚是內臟的鏡子」，肌膚會呈現每天的身體狀態。睡眠時間或壓力、飲食等各種要素都會對身體外在造成影響。雞富含肌膚所需的潤澤成分，尤其是雞皮和雞翅。雞肝含有豐富的維生素B2、維生素A。維持良好的氣血及新陳代謝，肌膚與毛髮自然透亮有彈性。

◎瘦身

雞肉低卡又能攝取必要的營養成分，很適合當作減重的食材。與等量的豬肉相比，熱量約莫少一半，卻能獲得近兩倍的蛋白質。烹調時若去除雞皮，幼雞的熱量約可減少一半，成雞則減少約四分之一。

◎運動

運動前吃雞，可以增加持久力；運動後吃雞，隔天不會感到疲勞。再加上雞肉低脂肪，有助控管體重。許多職業運動員也都以雞肉做為管理身體健康的食材。

◎老少皆宜

帶油花的肉不但很膩口，吃下去胃也會不舒服。筋多的肉，口感硬、不易下嚥。柔軟低脂的雞肉很適合上了年紀的長輩或小朋友。再加上容易消化吸收，身體虛弱或病後食用可增強體力。

比起其他肉類，味道清淡順口的雞肉是非常棒的食材。

◎在意生活習慣病的人

身體是由食物構成，想要預防生活習慣病，每天的飲食是關鍵。理想飲食是低鹽、少醣、低脂，這已是眾所周知的事。雞肉富含的不飽和脂肪酸可降低血中膽固醇，有預防動脈硬化或肥胖的效果。此外，雞胸肉含有豐富的菸鹼酸（niacin，又稱維他命B_3）可提升皮膚的免疫力，預防口內炎。甲肌肽（anserine）與肌肽（carnosine）據說是能抑制癌症的營養成分。

雞湯生活樂無窮

建議各位可以多煮些基本的雞湯備用。熬好一大鍋，以一餐的量分裝保存。

保存的雞湯，冷凍可存放約一個月，若是冷藏，夏季約2～3天，冬季約一週，盡量在期限內用完，就能喝到美味的雞湯。

每天喝雞湯，加點變化喝不膩！

1. 自製的「溫補」飲品

營養滿分低熱量的雞湯，在歐美民間是很普遍的感冒療方。也可當作運動前後的水分補給或是滋潤肌膚的「美容飲品」，甚至是考試前的舒壓劑。請慢慢品嚐熱呼呼的雞湯。

2. 搭配超商飯糰或甜麵包

不少人經常只以超商的飯糰或甜麵包「填飽肚子」。這時候，如果用燜燒罐或保溫壺裝些熱雞湯來配，不但能補充營養，身體也會變得暖和。

看到女生喝自己煮的雞湯，會讓人覺得她生活過得很規律，留下好印象！對我而言，那正是「好媳婦」的人選～。

3. 提不起勁或是沒時間做東西吃

剩飯或乾掉的麵包，只要淋上熱熱的雞湯即可美味享用。再依個人喜好撒些鹽、胡椒、起司、醃菜等配料，味道更棒！身暖心暖，簡單快速，吃得輕鬆又滿足。

基本的雞湯＋配料

家中只要備妥基本的雞湯，依季節添加適合的配料，就能改善各季容易出現的不適症狀。此外，添加配合身體狀況（毛病）的配料，也有助於解決惱人問題。

不光是喝湯，熬湯後剩下的肉也要一起吃。在湯裡加些新鮮雞肉，效果更佳！

本書針對各季特徵與不適症狀選出多道適合的湯品。**添加的配料也都是方便取得的食材。**

雖然少數食譜必須重新加熱、預先水煮或事前處理，但大部分只要把食材切一切下鍋熬煮即可。除了我先生與廚師TASHI先生做的進階版楊家湯，多為10～20分鐘就能做好的簡單美味湯品。

・小專欄・

升級版的基本雞湯，添加五色食材輕鬆攝取均衡的營養

根據中醫的觀念，將符合季節與五色特徵的 14 種天然食材磨成粉製成的「溫漢膳黑色美食」是我開發的營養補給品。

一碗雞湯加一包用水溶解的「溫漢膳黑色美食」煮滾後，雞湯變得濃稠，喝完身子很暖和，有飽足感又好消化，是營養滿分的健康長壽湯。

除此之外，把「溫漢膳黑色美食」加進雞湯裡就是「湯水」，用熱水溶解則是「糖水（港式甜點）」。

※ 請參閱 P.57、P.61。

基本的雞湯

這是我家（楊家）的必備湯。從市場買新鮮全雞回家熬湯是港式作法。如果買不到全雞，可用其他部位熬煮。熬湯剩下的雞肉可當作湯的配料，或是拿來做別的料理都很美味。

基本的雞湯只有淡淡鹹味，本書介紹的食譜全是用這款基本的雞湯製作。各食譜有另外標記適量的鹽，請依個人喜好斟酌調整。建議各位盡可能喝淡一點，較能品嚐出雞湯的鮮味。

◎材料（容易製作的分量）

- 全雞　1隻
- 水　2L

- 鹽　少許
- 薑　2片

◎作法

全雞與水下鍋煮至滾沸，接著加薑。再次煮滾後轉中火，加少許鹽，蓋上鍋蓋，煮30～45分鐘，煮到水量只剩原本的一半～⅔左右。

＊將全雞切塊，味道會更快釋出。為了減少脂肪，我家的作法是先把雞皮去掉再熬湯。熬煮過程中仔細撈除浮沫，就能煮出清澈的湯。或者放入雞肉後，把再次煮滾的熱水倒掉，重新加入熱水熬煮就不需要撈除浮沫了。

＊這個食譜水量不多，因此煮好的雞湯鮮味十足。每次吃的時候重新加熱，味道會變得愈來愈濃。水量僅供參考，請依個人喜好或是雞的大小斟酌調整。

不同部位各有特色！各種部位的雞湯

買不到全雞時，也可用其他部位熬湯。特別是雞胸肉，充滿雞的能量，營養豐富，價格也划算。熬完湯剩下的肉可以直接吃，或是拿來做其他料理、當作湯的配料，請吃掉別丟掉。熬煮時間是20～30分鐘，水與肉的分量僅供參考，請依個人喜好斟酌調整。

◎雞胸肉湯
- 雞胸肉　2片
- 水　1L
- 薑、鹽　適量

◎雞腿肉湯
- 雞腿肉　2支
- 水　1L
- 薑、鹽　適量

◎雞骨湯也是相同材料，請參閱左頁。

帶皮的雞一樣要切塊

喜歡雞油味的人，可以不用去皮。將雞肉切塊下鍋熬煮，短時間內就能煮出鮮味十足的湯。

雞腿肉＆雞胸肉、去皮熬煮

雞腿與雞胸是營養豐富的部位。去皮熬湯，滋味清爽，熬湯剩下的肉請一併享用。

雞架

香港的市場可以買到現宰雞肉，就連雞架也很新鮮（笑）。價格便宜的雞架是很棒的食材，能夠熬出味道紮實的湯。

雞胸

沒有雞腥味，肉質柔軟且低脂，味道清淡爽口。富含可預防口內炎或神經性胃炎的「菸鹼酸」，以及人體的必需胺基酸「甲硫胺酸（methionine，又稱蛋胺酸）」。搭配洋蔥一起吃還有防癌效果，也可抗老化。

雞翅

富含膠質與脂肪，滋味濃醇，肉白柔嫩。含有豐富的膠原蛋白，美肌效果絕佳，以及有助消除疲勞的維生素 B_1。

雞柳

低脂肉嫩，味道十分清淡。蛋白質含量豐富，是製造皮膚、骨骼、血液等養分的來源。在肉類當中屬於高蛋白質、低脂肪，經常是運動選手當作飲食控制的食材。同樣也富含菸鹼酸。

雞肝

雞肝所含的維生素 A 約是鰻魚肝的三倍，也含有豐富的礦物質與維生素 B_2。用油炒過再吃，可提升吸收率。低醣也是一大特色。

雞腿

散發特有的雞香味，令人食指大動。脂肪豐富、肉質緊實，吃起來香醇帶甜味。富含促進新陳代謝與潤澤皮膚的鐵質和維生素。去除雞皮後，脂肪可減少約一半。

雞架

「雞架」是指雞脖子、背至腰骨的部分。富含有益身體的礦物質、胺基酸、葡萄糖胺、軟骨素、膠原蛋白。在家用雞架熬湯時，先仔細清洗並用熱水汆燙，清掉雞骨的雜質，再加大蔥與薑一起燉煮。這樣就能去除雞骨的腥味。

・小專欄・

加入養命酒，立刻變成藥膳湯！

在香港已經賣了五十年的養命酒，幾乎每家超市都有販售，徹底滲透香港人的生活。

養命酒在我家有個特別的用法。基本的雞湯加上一瓶蓋的養命酒，馬上就變成藥膳湯。接著放入配料，簡單調味即可。兩人份的湯加一瓶蓋的養命酒，喝起來有股淡淡的中藥味，很少接觸藥膳料理的人也不妨試一試。

季節×五行、五色的食療

春夏秋冬，各季皆有不同的自然現象。一天也是根據日月的運行，區分出早、午、晚各個時段。

在中醫的觀念裡，人類也是大自然的一部分，依循自然生息是最理想的方式。

儘管時代不斷演變，「調養身體，活得健康（養生）」是人們不變的目標。

接下來先為各位說明，中醫主張的「養生祕訣」與適合當作「養生食療」的食材。

◎養生祕訣

【中醫四季養生祕技】

春防寒冷，夏防暑濕。
秋防風燥，冬防凍僵。
飲食有常，定時定量。
狂飲暴食，不能主張。
細嚼緩嚥，不要匆忙。
若要貪嘴，脾胃受傷。
肥甘少吃，葷素恰當。
一味偏食，定缺營養。
按時睡覺，要起早床。
不發脾氣，憂愁掃光。
胸襟開闊，壽命延長！

春季防著涼，夏季避濕熱，
秋季躲乾風，冬季禦凍寒。
三餐定時不過量。
食物入口不狼吞虎嚥，
細細咀嚼，充分品味。
勿促進食會引發腸胃不適。
油膩食物、甜食須節制，飲食要均衡。

挑食或偏食，營養會失衡。每天定時睡眠，早睡早起。別為小事心煩或沮喪低落。常保開朗笑容，自能健康長壽。（楊祐子意譯）

◎因應季節調養身體 活用五行的「食療」

中醫經典《黃帝內經》用「陰陽五行說」解說自然現象與性質。本書介紹的五行表只是其中的一部分。

＜中醫五行屬性表＞

自然界			五行	人體		
五味	五色	五季		五臟	五體	五志
酸	青	春	木	肝	筋	怒
苦	紅	夏	火	心	脈	喜
甘	黃	土用	土	脾	肉	思
辛	白	秋	金	肺	皮膚	悲
鹹	黑	冬	水	腎	骨骼	恐

使用五色食材的「養生食療」

中醫將食材分為「青、紅、黃、白、黑」五色，各有各的效用。若想改善亞健康狀態，請以五色食物調整五臟，保持身體健康。

舉例來說，就算春天的時候青色食材有益身體，如果只吃青色食材仍會造成營養失衡。攝取五色食物，多補充青色食材才是正確吃法。這是活用五色的「養生食療」訣竅。

＜季節與五色食材＞

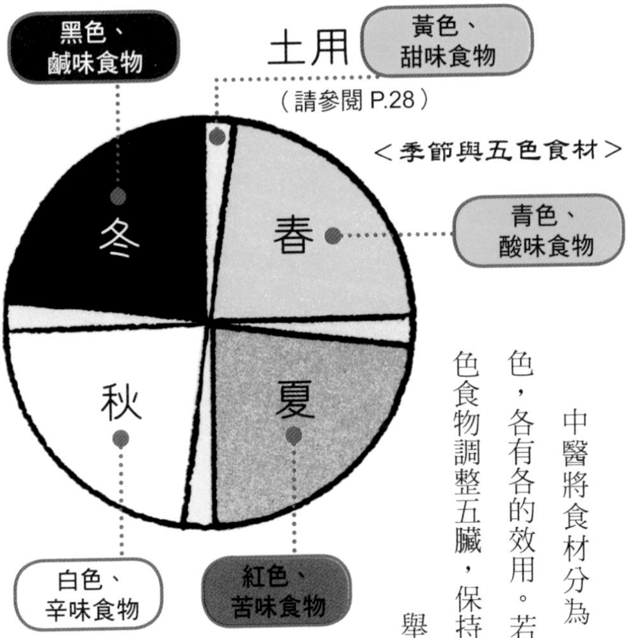

換季的過渡期攝取黃色食物

根據五行理論，脾胃容易出狀況的時期是在土用。土用是指換季的過渡期，即立春、立夏、立秋、立冬前的18～19天。

土用期間，請多留意！

「脾」不只是脾臟，而是包含腸胃在內的所有臟器。食物經消化吸收，轉化為「氣」、「血」運送至全身。「脾」與口唇有著深切關連＊，一旦變得虛弱，腸胃功能就會降低，出現「氣」不足、食慾不振、疲勞、倦怠感、手腳水腫、腹瀉等症狀。

攝取黃色食材不僅可提升「脾」功能，還能活化新陳代謝。因此，土用時節請多補充黃色食材強化脾胃。

日本人向來注重「夏之土用」，但各季之間皆有土用。即使不自覺，我們的身體還是會「敏感察覺到大自然的變化」。

於是，身體常會在換季的過渡期因「溫度或溼度、氣候出現劇烈變動」，或是「以為要換季了卻又回到先前的狀態」，導致身心感到錯亂，難以應變。也會出現體溫調節失常、容易疲累或感冒等症狀。

此外，換季的過渡期除了氣候變化，也是人事異動或入學、畢業等環境發生變化的時節。

環境變化使內心跟著受到影響，容易出現緊張、煩躁的情緒，然後形成壓力，導致身體畏寒，進而引發自律神經的混亂。這段期間也是容易陷入亞健康狀態的時期。而且，一年有四次，真的得好好留意。

以「食力」解決問題

那麼，我們應該怎麼做？答案很簡單。

覺得身體狀況變差了，吃東西的時候就要細嚼慢嚥。

透過細嚼慢嚥，食物進入體內的訊息會從口傳達至食道、腸胃、肝臟、膽囊、胰臟等消化器官。

此時這些臟器就會開始動起來，進而調整全身的節奏。

符合五行理論的「土用養生食療」，重點在於黃色食材。

體溫下降時，身體會更難受，所以要暖和身體。並且藉此提醒自己，照顧好脾胃。身體變溫暖，新陳代謝開始活化，全身充滿活力，疲勞、感冒自然通通遠離！

納豆、豆皮等大豆製品，以及南瓜、地瓜、玉米、柑橘類等皆屬黃色食材。當中名列首位的大豆製品富含優質蛋白質，可排除體內多餘的脂質，降低血中的壞膽固醇。

＊譯註：脾「開竅於口、其華在唇」，意思是口唇的色澤與脾的運化有密切關連。

南瓜濃湯

健胃整腸、
增加體力的「南瓜」濃湯。
以食材原有的鮮甜充分滋養身體。

作法…p.032

黃

顏色鮮亮的蛋花湯

潤澤身心、補充營養。
蛋與菠菜、枸杞的組合
為身體注入活力，擺脫疲累。

作法…p.032

楊家藥膳咖哩

一口一口吃下暖身的豐富能量！
用促進代謝的香料與切塊的蔬菜，
輕鬆完成這道美味的藥膳咖哩。

作法…p.033

黃

蛋白玉米濃湯

強化胃動力、
安定心神的「玉米」，
以及滋肺潤喉的「蛋白」湯。
喝完後，心裡的毒素一掃而空。

作法…p.033

黃

Recipe

南瓜濃湯

材料（3～4碗）

- 雞湯　500㎖
- 南瓜　300g
- 紅蔥頭　½個
- 大蒜　1瓣
- 雞胸肉　適量（也可用熬湯剩下的肉）
- 有鹽奶油　1小匙
- 鹽　適量

作法

1. 南瓜切成3㎝的塊狀，紅蔥頭對半切開。在鍋內倒入1L（分量外）的熱水，將南瓜與紅蔥頭下鍋，以大火煮軟。
2. 倒掉熱水，連同雞湯、有鹽奶油、大蒜一起用果汁機打碎。接著加熱，以鹽調味，盛入容器並擺上撕開的雞胸肉即完成。

顏色鮮亮的蛋花湯

材料（3～4碗）

- 雞湯　1L
- 蝦米　2～3隻
- 菠菜葉　1把
- 蛋　1顆
- 鹽　適量
- 麻油　適量
- 枸杞　適量

作法

1. 鍋內倒入雞湯，煮滾後放入用熱水泡軟的蝦米。加些麻油，以鹽調味。
2. 把蛋打散，邊倒進鍋中邊攪拌。接著加入切成5㎝寬的菠菜，煮熟後盛入容器，擺上用熱水泡軟的枸杞即完成。

楊家藥膳咖哩

材料（3～4碗）

- 雞湯　1L
- 番茄　1個
- 洋蔥　½個
- A
  - 薑黃粉　1小匙
  - 孜然粉　1.5小匙
  - 辣椒粉　1小匙
  - 紅椒粉　1小匙
- 薑泥　1小匙
- 蒜泥　1小匙
- 雞翅　4隻
- 馬鈴薯　1個
- 橄欖油　1大匙
- 鹽　1.5小匙
- 香菜　適量

作法

1. 洋蔥切末，番茄去籽、大略切碎。用橄欖油炒洋蔥，炒至變色後，加入A的香料與薑泥、蒜泥拌炒，炒透後再放入番茄一起煮。
2. 待番茄煮至軟爛，加入雞肉、切成一口大小的馬鈴薯仔細攪拌燉煮（再次煮滾後，轉小火）。
3. 雞肉煮熟後，加入雞湯和鹽。煮滾後轉小火，攪拌燉煮10分鐘，關火、蓋上鍋蓋，靜置3分鐘。盛入容器，依個人喜好擺上香菜做裝飾即完成。

蛋白玉米濃湯

材料（3～4碗）

- 雞湯　500㎖
- 玉米　1根（也可用玉米粒罐頭）
- 蛋白　1顆的量
- 雞柳　2條（也可用熬湯剩下的肉）
- 鹽　適量

作法

1. 剝下玉米粒，取一半的量用食物調理機打成糊狀。
2. 雞肉放進雞湯加熱，煮熟後倒入剩下的玉米粒和玉米糊，以鹽調味。
3. 將攪散的蛋白一邊倒入鍋中一邊充分攪拌，使其與湯融合。盛入容器，擺上撕開的雞肉即完成。

第2章◉ 春 spring 夏 summer 秋 autumn 冬 winter 的季節湯品

香港的飲食作風 我的良師——蔡瀾先生

我最推崇的香港美食家是蔡瀾先生。

他曾擔任過香港電影公司橙天嘉禾娛樂集團（Golden Harvest）的副社長，也是栽培出影星成龍的幕後推手。頗具文采的他，在報章雜誌都有連載專欄，出版的多本著作在亞洲國家相當暢銷。對全球電影與文化相當了解，也是美食評論家。豪爽坦率、不拘小節，深受香港人愛戴。

蔡瀾先生在一九九〇年代推出了一種可克制暴飲暴食的飲品「暴暴茶」。

當時任職於日系郵購公司的我，負責尋找「讓身體由內而外變美麗的亞洲美容品」。

於是，我將「暴

暴茶」介紹給日本的消費者，因此與蔡瀾先生結下緣份。

蔡瀾先生每次去中菜館，第一道菜一定是點湯。

而且，他不是點菜單裡價格昂貴的湯，而是很常見的「例湯」。例湯即本日精選湯，也就是當天的主廚推薦湯。

蔡瀾先生點「例湯」的理由是，每家餐廳都有的「例湯」是使用「配合當日氣候的食材熬煮的湯」。譬如在濕熱的夏天，可去除體內濕氣的冬瓜湯就會成為「例湯」。

熱湯能夠消除疾病的元凶「畏寒」，裡頭的配料用的是符合季節的當令食材。可見本日精選湯是多麼珍貴的料理。

以前我常因為食物的外觀或氣味而心生排斥，也曾經非常討厭青椒。不過，某次吃了蔡瀾先生點的菜，裡頭放的青椒沒想到竟是如此美味。蔡瀾先生說「無論哪種食材，只要烹調得宜就會很美味。討厭某種食物，那是因為沒有品嚐到好吃的料理。食材與製作者的心意，左右了料理的味道」。

那個經驗使我了解到料理的精髓。

喝熱湯改善亞健康！

本章將為各位說明各季節特徵，以及如何改善四季容易出現的亞健康狀態，同時實現健康長壽的熱湯食療。

春 spring

「悠然」迎暖春

自然界萬象更新的春天，
好與不好的事物
全都暢然舒展。
不必故作堅強，凡事放輕鬆，
不疾不徐，悠然迎春。

春季的五臟屬「肝」

精神壓力以外最大的外在壓力，正是「寒冷」。身體在漫長的冬季持續接觸到寒氣，早已疲憊不堪。負責解毒的「肝」被稱為「春之臟」，是很重要的內臟。

因此，每到春天，肝臟的負擔就會加重，變得

虛弱。

肝臟掌管新陳代謝，儲存血液供給全身，還要維持骨骼肌的張力、進行老廢物質的解毒等。肝虛時會出現容易疲勞、眼睛酸澀或肩頸痠痛、痙攣、腳抽筋、指甲軟化等症狀。

為避免造成肝臟過度的負擔，請勿飲酒過量或攝取過多的食品添加物、服用不必要的藥物。應該多吃「青色食材」，好好養肝。

春季的五色屬「青」

根據五行理論，青色與「春、肝、酸」有關，和「膽、目、怒、筋（肌肉）、爪（指甲）」等也有深切的關連。肝或膽發生異常，肌肉僵硬或痠痛的情況會變得嚴重。青色食材除了能預防與「肝」有關的肝臟疾病，也可改善眼睛疲勞、焦躁、痙攣、冷顫、麻痺、肩頸痠痛等症狀。在五行表中，青色食材也包含酸味食材。此外，穿戴青色物品對修復肝膽也有幫助。

春季的五味屬「酸」

「酸」顧名思義就是味道酸的食材。酸味會活化肝功能，因此肝火旺盛的人得少吃，反之，容易沮喪低落或提不起精神、常感身體不舒暢的人請多嘗試。

春季的身心狀態

大地回暖、新綠萌芽，生機勃勃「陽氣升發」的春天。與此同時，人體也擺脫冬眠般的狀態，頓時充滿活力，新陳代謝隨之增強。有活力固然是好事，但此時邪氣也蠢蠢欲動，所以容易出現潛伏的慢性疾病或過敏。

春

微酸的「菲式酸湯」風味雞湯

將菲律賓的國民美食「酸湯」
變化成獨到的楊家風味。
喝完後，昏沉沉的身心頓時充滿活力～。

作法…p.041

＊菲式酸湯是以羅望子增添酸味的菲律賓傳統燉煮料理。

春

澳門名菜「薯蓉青菜湯」風味雞湯

東亞賭城澳門的名菜結合雞湯。
馬鈴薯與菠菜、雞肉的組合充分發揮舒壓、
消除疲勞的良效！

作法…p.041

春

健康度過春天的祕訣是「控制壓力，保持愉悅的心情」。

壓力會造成氣血阻滯，使身體的弱點出狀況。例如胃悶痛、長粉刺、皮膚過敏、持續性的倦怠感等。若以這樣的狀態度過春天，到了暑氣漸起的時期，就會變得缺乏能量。當夏天來臨時，身體便會無法接收大自然的成長能量。

春天總是伴隨著壓力，不過轉念想想，只要過了春天，還有什麼事難得倒你！

春季的推薦食材

順氣解鬱、充分補陰才能安定亢奮的陽氣。

↓促進消化吸收的食材（高麗菜、竹筍、蘆筍、大頭菜、香菇、蘿蔔等）

↓調整自律神經作用的食材（茼蒿、菠菜、黃豆、鹿尾菜、海瓜子、蛤蜊等）

↓幫助氣血循環的食材（花生、豌豆、高麗菜、茼蒿、蘿蔔、洋蔥、蔥、韭菜、鴨兒芹、菠菜、薑、大蒜、胡蘿蔔，以及檸檬、醋、柚子等酸味食物）

春季的NG食材

飲酒要適量，過量會增加體內的濕氣，導致過敏或妨礙肝功能的運作。

春天攝取太多辣椒、胡椒或咖啡、濃茶等刺激性的食物，夏天很容易中暑。

油炸食物會抑制體液分泌，對「肝」造成負擔。

春

微酸的「菲式酸湯」風味雞湯

Recipe

適合感到「氣候變化令身體吃不消」、「疲勞難消」的人食用

材料（3～4碗）

- 雞湯　1L
- 雞翅　2隻
- 番茄（小）　1個
- 洋蔥　50g
- 秋葵　2根
- 蘿蔔　4cm
- 辣椒（依個人喜好斟酌，勿過量）　1根
- 薑　2片
- 醋　½小匙
- 檸檬　1片
- 鹽　適量

作法

1. 雞湯下鍋煮滾，加入雞肉、切成扇形片狀（1cm厚）的蘿蔔，以及辣椒與薑片。
2. 接著放入切成大塊的洋蔥，煮透後放入秋葵、切成大塊的番茄。倒些醋，以鹽調味、加入檸檬片。等到蔬菜都煮熟即完成。

澳門名菜「薯蓉青菜湯」風味雞湯

Recipe

適合感到「皮膚變得乾燥、敏感」、「胃部不適」的人食用

材料（3～4碗）

- 雞湯　500mℓ
- 新馬鈴薯　3個
- 菠菜葉　2株
- 雞胸肉　1片（也可用熬湯剩下的肉）
- 鹽　適量
- 橄欖油　適量

作法

1. 馬鈴薯去皮，切成4等分，水煮備用。菠菜切成細絲。
2. 雞湯加熱煮滾，放入馬鈴薯，以鹽調味。
3. 雞肉撕開，加進鍋裡，盛入容器。要吃之前再擺上菠菜絲、淋些橄欖油。

＊新馬鈴薯是春季收成的小馬鈴薯。

夏 summer

「清爽」過炎夏

在屋裡舒服地吹著冷氣，
一出室外，立刻熱得滿身大汗。
返回室內，汗濕的衣服又讓身體變冷……
這樣的冷熱交替對身體很不好。
請參考本書的夏季養生法，
只要掌握訣竅，炎炎夏日也能涼快舒爽！

夏季的五臟屬「心」

夏季感冒常見的噁心想吐、腹瀉等症狀是腸胃功能衰退所致。那是因為身體的水分代謝變差，使得多餘的水分囤積在體內。

另一方面，天氣熱大量出汗，身體的水分減少，同時也消耗掉不少的「氣」。於是，血液濃度、心臟運作也受到影響，對心臟造成負擔。過度出汗引起的心悸、呼吸困難等是心臟發出的警訊。因此，夏天應積極攝取水分或富含水分的食物。

夏季的五色屬「紅」

夏天一旦中暑，舌頭對於濃郁的味道會變得遲鈍。

由於連日大量出汗，血液中的水分減少，飲食容易變得重口味。結果，污濁的血液塞住血管，導致血管老化，對心臟造成負擔。炎熱的天氣使體內熱氣上升，滯留在上半身與頭部，下半身（腹部以下）變冷，所以經常水腫。

根據五行理論，夏須養「心」。對應的是夏季當令的「紅色」食材，吃了可排出體內的熱。

夏季的五味屬「苦」

五行理論主張夏季的五味是「苦味」。

想要健康地度過夏天，最好攝取具「冷卻身體」效用的食材——這是一般人的看法，中醫可不這麼認為！夏天的時候體內易積熱，先攝取具「降體熱」效用的食材才是理想之道。

降體熱的代表性食物是苦味食材。而且，苦味還有排毒作用。

夏季的身心狀態

春天萌芽的植物生長茂密，到了夏天綠意盎然，萬物盛放蓬發。趁著早晨有涼意時起床，出門曬曬太陽、活動身體，排除身心的老廢物質。呼吸新鮮空氣、攝取水分，幫助身心放鬆。熱氣或濕氣若在體內滯留，心情會變得煩躁、失眠、無法消除

夏

疲勞、腸胃出狀況，請多留意。充分活動身體後，請好好休息。

夏季養生的重點是「排遣」。

精神方面，心裡不要累積壓力；身體方面，適度流汗以避免熱氣積在體內。

夏天再熱也要勤於活動身體、排遣壓力，讓身體流流汗，排出多餘體熱，讓全身由內而外變得清爽俐落。

夏季的推薦食材

要去除多餘的體熱與濕氣，可使用清熱（降溫）、利水的瓜科蔬菜、帶苦味的食材。也別忘了補充消耗的水分，且應攝取高營養價值的食物，補回流失的體力。

↓清除多餘體熱的食材（大麥、小麥、蕎麥、薏仁，苦瓜、小黃瓜、冬瓜等瓜類，水芹、西芹、番茄、茄子、綠豆等）

↓生津滋潤的食材（豆腐、豆皮、綠豆、葛粉、小黃瓜、冬瓜、番茄等）

夏季的ＮＧ食材

避免過度攝取生冷飲食。「胃」變冷是導致中暑的元凶。

辣椒、胡椒的辣味產生的熱會使身體變得虛弱。

切勿暴飲暴食。濕熱的夏季會降低腸胃功能。此時若不忌口隨便亂吃，勢必增加腸胃負擔。

夏

滑稠冬瓜湯

Recipe

適合「在意肌膚暗沉」、「傍晚時會腳水腫」的人食用

材料（3～4碗）

- 雞湯 1L
- 水 1L
- 雞胸肉 2片（也可用熬湯剩下的肉）
- 冬瓜 400g（去皮與籽）
- 薏仁 ½杯
- 銀杏（水煮） 6個
- 鹽 適量

作法

1. 將薏仁與銀杏放入水中煮至變軟，瀝掉熱水。
2. 冬瓜去皮，切成1cm寬，用煮滾的雞湯煮至變軟（雞肉也一起下鍋）。煮好後用果汁機攪打。
3. 把1加進2裡，以鹽調味。盛入容器，擺上撕開的雞肉即完成。

清爽義式蔬菜湯

Recipe

適合「想消除身心阻滯」、「夏天容易感冒」的人食用

材料（3～4碗）

- 雞湯 1L
- 胡蘿蔔 2cm
- 慈姑 2個
- 紫高麗菜 2片
- 洋蔥 ½個
- 草菇（罐頭） 5個
- 鹽 適量
- 小黃瓜 ⅕根

作法

1. 胡蘿蔔與慈姑切成1cm的塊狀，用煮滾的雞湯煮約5分鐘。
2. 紫高麗菜與洋蔥切成1cm的塊狀，加進1裡，以中火煮軟。
3. 草菇切成薄片，加進2裡，以鹽調味。盛入容器，擺上切碎的小黃瓜即完成。

夏

滑稠冬瓜湯

有助於袪濕消腫的「冬瓜」和「薏仁」，
搭配生津滋潤、別名「白果」的「銀杏」堪稱完美組合。
對抗中暑的絕佳湯品。

作法…p.045

夏

清爽義式蔬菜湯

預防夏天感冒的「紫高麗菜」、
排出多餘體熱或水分的「慈姑」、
促進食慾的「洋蔥」、「胡蘿蔔」，喝起來清甜爽口。

作法…p.045

秋 autumn

「從容」安度涼秋

食慾之秋、運動之秋、乾燥之秋、多愁之秋。
秋天的到來令人喜悅，進入尾聲卻教人感傷。
試著把嘆息轉為深呼吸，
充分滋潤身體，度過微涼秋日。
讓身心保持從容。

秋季的五臟屬「肺」

中醫認為「肺主皮毛」，視皮膚為呼吸系統的一部分。秋冬的乾燥氣候使肺部水分不足，皮膚和毛髮變得乾燥、易口渴，自口鼻吸入的乾燥空氣進到肺部，容易引發鼻炎或氣喘、感冒等呼吸系統的症狀。

此外，早晚氣溫偏低，使得皮膚表皮緊閉，這對肺或呼吸系統會造成負擔。

氣溫上升時，皮膚的毛孔張開，藉由流汗排除水分、代謝老廢物質。氣溫下降時，毛孔閉縮，汗腺或皮脂腺的排泄減少，皮膚的代謝量會轉移至口鼻等呼吸系統。這也是造成鼻炎或呼吸系統出狀況的原因之一。

因此，秋季潤肺是首要之務。

秋季的五色屬「白」

夏天流汗使我們的身體處於水分不足的狀態。到了秋天，乾燥的空氣與寒氣讓身體更加乾燥。所以，秋天必須潤澤肌膚和身心。根據五行理論，秋季的五色是「白色」。白色食材有穩定血壓、鎮靜神經的效用。「白色」也對應「肺」，白色食材可潤澤身心。只要補肺潤燥，肌膚就會變得水潤。趁皮膚還沒變乾前，請多攝取「白色」的食材。

秋季的五味屬「辛」

五行理論認為，肺部疲勞就會想吃辛味食物。中醫所說的「辛味」並非辣椒之類的刺激性食物，而是風味強烈、能讓體內變暖的食材，如薑、山椒等。立秋時節，宜適量攝取「酸味」，使夏天出汗後張開的毛穴收縮，再慢慢換成「辛味」食材。這麼一來，身體就能配合漸寒的氣候調節體溫。

秋季的身心狀態

秋天是結實的季節，成熟的蔬果等著被採收，接下來要開始進行過冬的準備。

秋天也是收斂的季節，此時要把向外發散的能量留在體內。

秋

山藥泥湯

夏季累積的疲倦感遲遲未消？
喝些湯補充體力、潤肺益胃。
口感豐富，營養滋補。

作法…p.053

秋

秋季藥膳味噌湯

又到了逐漸轉涼的秋天，
來碗慢火細燉的藥膳湯，清心潤燥！

作法…p.053

秋

盡可能早睡早起，讓身體適應氣候的變化。

初秋仍有暑氣和濕氣殘存，進入中秋，空氣變得乾燥，到了晚秋開始感到寒意。

與肺有關的情感是「悲傷」。「悲則氣消」，悲傷的時候心情低落、容易沮喪、提不起勁。那樣的狀態會耗損肺的能量，進而出現老是哀聲嘆氣、缺乏氣力或動力、全身無力等症狀。猶如結束了盛夏火熱的戀情，獨自迎接感傷的涼秋。

利用假日多接觸大自然，做做深呼吸，為肺補充元氣，從容地度過秋日時光。

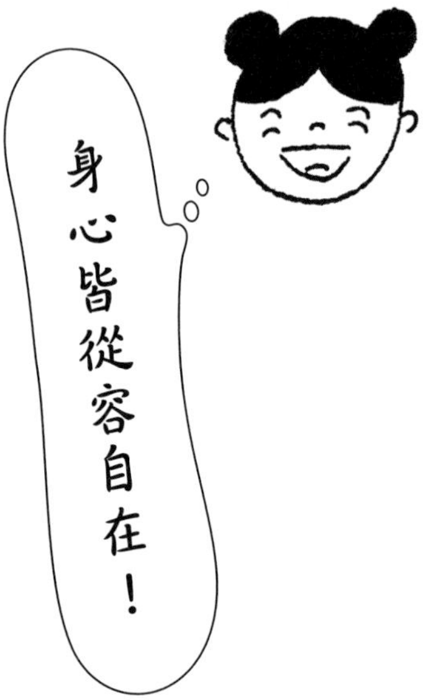

秋季的推薦食材

空氣變得乾燥，身體也跟著乾燥。盡量少吃讓身體乾燥的辛辣、刺激性食物，多攝取潤補的食材。

↓潤肺、提升肺功能的食材（梨子、花梨、蘋果、白木耳、蜂蜜、生蓮藕、百合根、山藥等）

秋季的NG食材

辛辣刺激的辣椒、胡椒等，以及洋芋片等油炸乾燥的食物，會在體內產生熱，妨礙氣血循環。

空氣乾燥轉涼時攝取生冷飲食會傷肺，切勿過食。

油膩、高脂、高熱量的食物也會生痰傷肺。

秋

山藥泥湯

Recipe

適合「想為身心注入活力」、「容易情緒低落」的人食用

材料（3～4碗）

- 雞湯 1L
- 山藥泥 2大匙
- 薑（磨成泥） 1片
- 雞胸肉 1片
- A
  - 菇類（鴻喜菇等） 適量
  - 黑木耳（最好用新鮮生木耳） ½片
  - 慈姑 2個
  - 胡蘿蔔 2cm
- 鹽 適量

作法

1. A與雞肉切成1cm的塊狀，雞湯、雞肉、胡蘿蔔和慈姑下鍋加熱。
2. 待胡蘿蔔變軟後，加入切碎的黑木耳，以鹽調味。
3. 盛入容器，淋上山藥泥、擺上薑泥即完成。

秋季藥膳味噌湯

Recipe

適合「皮膚、頭髮、身體都乾燥無光」、「想抗老化」的人食用

材料（3～4碗）

- 雞湯 1L
- 雞腿肉 1支（先水煮備用。也可用熬湯剩下的肉）
- 乾豆皮 1g
- 水煮銀杏 6個
- 白木耳（最好用新鮮生木耳） ½片
- 黑木耳（最好用新鮮生木耳） ½片
- 草菇（罐頭） 6個
- 味噌 適量

作法

1. 雞湯、用水泡軟的豆皮、撕開的雞肉下鍋加熱。煮滾後加入銀杏、切成適當大小的白木耳與黑木耳，煮12～13分鐘。
2. 草菇各切成4等分，下鍋煮2～3分鐘，關火後加入味噌攪勻即完成。

冬 winter

「暖烘烘」抗寒冬

在五行中對應「黑色」的冬季，
注意保暖，別讓身體受寒是首要之務。
多穿幾件衣服，吃些溫熱的食物，
天氣好的時候，外出享受陽光的洗禮！
內心也要保持溫暖，
以暖烘烘的狀態克服寒冬。

冬季的五臟屬「腎」

冬天氣候日趨嚴寒，身體循環變差，老廢物質不易排出，消化吸收也受阻，經常能量不足。寒冷除了導致肩頸痠痛或生理痛、腰痛等伴隨疼痛的症狀，也容易引發心肌梗塞或腦中風等與血管有關的

疾病。

根據五行理論，冬天是「腎」易耗損的季節。腎不僅負責控制體內的水分代謝，也掌管荷爾蒙、生殖系統、泌尿系統、免疫系統等，被稱為「生命力的儲藏庫」，弱點是怕冷。

避免生冷飲食，積極攝取讓身體由內變暖、促進循環的食材，以及對腎功能有幫助、可提高免疫力的食材。

「腎」與人體的發育、老化有著深切的關連。冬季好好養腎也有助於抗老。

冬季的五色屬「黑」

五行理論中，冬季對應的五色是「黑」。寒冬使身體變冷，血液循環變差，奪走原本的免疫力和抵抗力。畏寒是萬病之源，利用黑色食材讓身體由內暖起來很重要。

「腎」與「老化」的關係密不可分。因為「腎」負責身體的成長與生命活動。人體功能在寒冷的冬天容易降低，請多攝取滋補抗衰、具「補腎」效果的「黑色」食材。

冬季的五味屬「鹹」

五行理論中，冬季對應的五味是「鹹味」。鹹的食物有暖身作用。大小便的排泄少不了「鹹味」，而且還能補強「腎」與「膀胱」的功能，幫助泌尿系統的運作，以及調整體內的水分代謝。鹹味能夠養腎氣、固骨本。

冬季的身心狀態

植物葉落枝枯，動物潛伏地底休眠的冬季。在萬物紛紛暫時靜止的這個季節，最重要的是保持

冬

內心的穩定。刻意打起精神，勉強自己努力，體內的能量將會耗盡。結果，身心都變得冰冷、失去活力。冬天的早上，等到太陽升起再起床，充足的睡眠也很重要。冬天的寒意使體內活動衰退，循環也跟著變差，所以最重要的是「保護身體不受寒」。無論在家或外出，頸、腰、手腕、腳踝都要確實保暖。洗澡時不要只淋浴，泡個澡暖和身體。避免過度激烈的運動或節食，應好好為身體儲存能量，迎接春天的來臨！

冬季的推薦食材

幫助身體暖和的食材，富含可預防感冒、滋補健身的維生素與礦物質的水果，以及黑色食物。

↓暖身、促進血液循環的食材（薑、韭菜、蔥、大蒜。辣椒、山椒、胡椒等辛香料或帶辛味的食物）

↓滋補健身的食材（黑豆、黑芝麻、黑木耳、黑糖、山藥等）

冬季的NG食材

生食、產自南方國家的食物等會讓身體變冷的食材。置身在寒冷的空氣中，別再用食物讓身體變得更冷。

煙燻或醃漬物等過鹹、重口味的食物也要盡量少吃。

冬

髮菜豆腐湯

Recipe

適合「想打造抗寒體質」、「已感冒」的人食用

材料（3～4碗）

- 雞湯　1L
- 髮菜（也可用海蘊或海帶芽等海藻類代替）　適量
- 豆腐　½塊
- 香菇　1朵
- 鹽　適量
- 平葉巴西里　少許

作法

1. 雞湯下鍋煮滾。
2. 將髮菜或海藻類替代品泡軟，切成適口大小。豆腐切成1㎝的塊狀，香菇切成薄片，全部加進1裡。再次煮滾後，以鹽調味。
3. 盛入容器，放上巴西里即完成。

溫補瘦身的溫漢膳黑色湯

Recipe

適合「冬天也想暖呼呼」、「不想在過年時發胖」的人食用

材料（3～4碗）

- 雞湯　400㎖
- 雞胸肉　1片
- 溫漢膳黑色美食　1包
- 水　150㎖
- 鹽、胡椒　適量（依個人喜好調整）

作法

1. 雞湯、切碎的雞肉下鍋加熱，雞肉煮熟後，取少量做為最後裝飾用。
2. 「溫漢膳黑色美食」加50㎖的水充分拌勻，再加100㎖的水稀釋。
3. 將2倒進1裡加熱，以鹽、胡椒調味。盛入容器，擺上雞肉絲、撒些胡椒即完成。

如果買不到「溫漢膳黑色美食」（請參閱P.21），可以將適量的黑色食材（黑芝麻、黑豆、黑米、松子、地瓜、薑、綠豆、紅棗等）用食物調理棒等打碎，再倒入雞湯調開，最後以片栗粉水勾芡。

冬

髮菜豆腐湯

具抗病毒特性的髮菜、
加上讓身體由內暖起來的熱豆腐，
打造抗寒體質！

作法…p.057

冬

溫補瘦身的溫漢膳黑色湯

在雞湯裡加入大量的黑色食材，
除了有助瘦身，還能滋補強身！

作法…p.057

粥有「十利」

「粥」是香港人常吃的早餐之一。

在日本，通常感冒、腸胃不適等生病的情況下才會吃。不過「粥」在香港卻是「維持健康長壽不可或缺的食物」，在香港人心中佔有重要地位。

「粥」的水分比飯多，屬於半流質食物，對胃不會造成負擔。而且，熱呼呼的粥不但暖身，因為燙口沒辦法吃太快，所以能夠慢慢品嚐，充分獲得滿足感，真的是很棒的食物。

香港人說粥有「十利」：

- 促進血液循環，使人氣色紅潤。
- 增強體力與氣力。
- 延年益壽。
- 防止過食，安定身心。
- 思緒敏捷，口齒清晰。
- 容易消化吸收，不會噎食。
- 吃了暖身，可預防感冒。
- 止飢解饞。
- 止渴潤身。
- 利通便。

粥在日本多是指米加水煮成的白稀飯，風味清淡，可以吃到米的原味。不過，香港的主流作法是在營養豐富的湯裡熬煮，並加入許多配料。街上隨處可見專賣粥品的店，不只早上，就連中午、晚上也都人聲鼎沸。

「湯水」與「糖水」

「湯水」與「糖水」即「湯」與「甜點」。雖然寫出來的中文不同，廣東話的發音皆為「tang shui」。

某天我和大姑一起上市場，她對我說「阿祐，今天天氣好潮濕，我來煮綠豆『tang shui』給你喝」。

綠豆利尿，有助於消水腫，而且滋味清甜，很適合身體懶洋洋的時候吃！我正暗自心喜時，大姑問道：

「阿祐，你想吃甜的還是鹹的？」

咦！綠豆湯不是甜的嗎？

過去在「湯水」的食譜裡，無論甜的、鹹的都寫作「湯水」。因此，以前的人在店家點餐時都會指定要「甜的」或「鹹的」。自從甜品專賣店出現後，才有了「糖水」這個名稱。

初到香港的那個時期，看到甜食和鹹食用的都是相同的食材，我著實感到吃驚。

但仔細想想，日本的「年糕湯」和「紅豆湯」都有放年糕。烤過的年糕不管沾醬油或是黃豆粉加糖粉都很好吃。

延續自古流傳的食材用法這一點，港日皆是如此，不愧同為美食之都。

由內暖到外的蔘雞湯粥

◎使用雞腿肉

材料（3～4碗）

A
- 雞腿肉　2支
- 水　1L
- 紅棗　2個
- 大蒜　2瓣

- 白飯　½碗
- 日本酒　1大匙
- 鹽　適量

作法

1. A倒入鍋中加熱熬煮，邊煮邊撈除浮沫。
2. 煮好後，加入白飯、日本酒繼續熬煮，以鹽調味。最後將雞肉撕開，配粥一起享用。

◎使用全雞

材料（約10碗）

A
- 全雞　1隻
- 水　3L
- 紅棗　4個
- 大蒜　5～6瓣

- 白飯　3碗
- 日本酒　2大匙
- 鹽　適量

作法

1. A倒入鍋中加熱，熬煮30～45分鐘，邊煮邊撈除浮沫。
2. 接著加入白飯、日本酒繼續熬煮，以鹽調味即完成。（雞肉只取吃得完的量，撕開後配粥一起享用。）

請搭配
P51 的
秋季藥膳
味噌湯

每道湯都很下飯！

本書介紹的每道湯皆可當作配菜，或是三菜一湯的湯品，
請各位以喜歡的方式享用。

基本的
雞湯
＋
山藥泥

除了配飯，也很適合做成湯麵！

湯加飯就是美味的粥，
加麵也是營養豐富的料理。

第3章◉
解決身體毛病的養生食療

香港是世界著名的活力之都，也被譽為美食天堂。「飲食」正是精力旺盛的香港人的活力來源。

但，「飲食」並不是只吃自己想吃的東西或自己覺得好吃的東西，而是為了讓身體保持在良好的狀態，昨天、今天、明天都一樣健康，甚至五年後、十年後依然不減當年。

香港的氣候變化劇烈，夏季的溼度超過90%且高溫，走在街上彷彿在洗三溫暖。

不過，室內的氣溫通常維持在18℃。剛在香港生活的那年夏天，屋裡屋外來回幾趟後，身體就受不了了。就連冬季的濕度也超過80%，氣溫約莫15℃，空氣濕冷。對我而言，香港冬天的體感溫度好比日本冬天的0℃。再加上，室溫總是設定在18℃，所以我老是咳個不停或是鼻水直流。吃完藥以為康復了，馬上又出現別的感冒症狀，實在很令人困擾。看來我的身體似乎無法適應其他國家的寒冷天氣。

「身處這樣的環境，為什麼香港人都不會感冒，反倒還很有活力？」

那是因為，他們會順應四季攝取適合身體的

「飲食」，被寒冷天氣打敗的我，最後也是靠「飲食」解決了身體的毛病。

香港人會與身體對話，了解身體的毛病，再透過「飲食」調養身體。這正是「以食養命」的「食療」概念。

嗯？與身體對話，了解身體的毛病？實際上該怎麼做？也許有人會有這樣的疑惑。是的，別懷疑！

方法很簡單，每個人都做得到。

①以手掌觸摸全身肌膚

洗澡前，在全裸的狀態下，用手掌觸摸全身，從頭頂到腳尖。摸摸看有沒有哪裡摸起來冰冷、乾燥或僵硬。

②用舌頭舔觸口腔內部

舌頭以繞圈的方式舔觸口內，是否有顆粒狀或粗粗的感覺？

③照鏡子

嘴角有沒有下垂？

臉部肌膚是否粗糙或乾燥？

用手掌觸摸臉部時，是否覺得冰冷？

每天像這樣自我檢查，就能了解身體的毛病。

透過改善身體毛病的「養生食療」，幫助身體恢復健康。

而在香港，人人都在做的「養生食療」，就是喝熱湯。

從今天起，各位也試著開始實踐改善身體毛病的「養生食療生活」吧！

1. 易胖、過瘦

這世上「想變瘦」與「想增胖」的人很多。

不過，有件事各位必須明白，「想變瘦的人」自然「不想變胖」，「想增胖的人」當然也「不想變瘦」。「想變瘦」與「想增胖」的人，目標都是「健康勻稱的身材」。

變胖的原因多半是「儘管會留意吃下肚的東西，飲食習慣卻未改變」。

也就是說，從25歲到40多歲的這段期間，依然維持10幾歲到25歲以前的飲食方式。然而，人體的基礎代謝率會隨著年齡增長而逐漸降低，體內循環也會跟著變差，最後未消耗的熱量就變成贅肉囤積在身體。

常聽到有人說「我年輕時很苗條，現在卻開始中年發福」，其實主要原因正是出自「吃太多」的關係。

胖不了的原因，主要是壓力、睡眠不足、胃下垂。壓力導致自律神經失調，腸胃功能衰退。睡眠不足的情況若一直持續，自律神經會變得紊亂，如同有壓力的狀態那樣，導致腸胃功能衰退。胃下垂會影響胃的蠕動，降低消化能力。

前述的種種原因導致「身體吃不下需要的飲食量」，所以才會讓人想胖卻胖不了。

想要擁有健康勻稱的身材，與其「改變體質」，「以中醫的觀念改變飲食習慣」更簡單容易。

中醫的觀念認為人會**「吃太多」**、**「吃不下」的原因是出自「壓力」與「畏寒」**。

心情煩躁、焦慮時「吃太多」；情緒低落、憂鬱時「吃很少」。壓力使身體變得僵硬冰冷、循環變差。

循環變差代表身體缺乏動力。胖的人吃完東西，消化吸收後的老廢物質不易排出。瘦的人因為腸胃蠕動差，很難消化吸收。結果兩者都無法擺脫極端的狀態。

只要循環變好，身體就會動起來。如此一來，身體狀況差的人也能恢復健康，重新找回身體的平衡狀態。

想讓循環變好，「暖身」是不二法則！

身體變暖帶來的「五大喜悅」

❶內臟變健康，身體狀況變好。

❷生病好得快，也不容易生病。

❸肌膚變美麗。

❹體內的多餘水分與老廢物質消失，維持正常體重。

❺不再感到焦躁或憂鬱。

攝取溫熱的食物能讓身體由內變暖，喝美味的熱湯是最快速簡單的方法。

為身體著想的均衡飲食，時間久了自然會習慣。慢慢地，你就能擁有適當的體重與美麗的外表。

想變瘦的人為了滿足食慾，請使用口感豐富的食材。想增胖的人請使用順口好消化的食材。

接下來，試做看看本書介紹的湯，讓身體變暖和，一定會為你帶來幸福的感受。

易胖（想變瘦）

吃得飽的瘦身湯

刻意節食其實「瘦」不了！攝取營養均衡的熱食才是訣竅！

發胖的原因概分為三種：因精神壓力大而暴飲暴食、停止運動習慣卻仍照常大吃、喝酒時總是配很多下酒菜。

導致發胖的飲食生活特徵則是「吃太快」。嗜吃油膩重口味的食物、碳水化合物、甜食。

若想減重且不復胖，別勉強自己刻意節食。多攝取天然、溫熱的食物，養成細嚼慢嚥的習慣才是最有效的捷徑。

食材效用

幫助身體保留必要水分、排出多餘水分的冬粉與豆芽菜；有助降血脂的黑木耳；富含蛋白質、可消除壓力且具有美肌功效的豆腐；強化骨骼的櫻花蝦；降低膽固醇的麻油——利用這些食材做出「飽足感滿分」的湯。

材料（3～4碗）

- 雞湯　1L
- 水煮過的雞腿肉　2支（也可用熬湯剩下的肉）
- 豆腐　半盒
- 黑木耳（新鮮生木耳或泡軟的乾木耳皆可）　2～3片
- 櫻花蝦　少許
- 麻油　1小匙
- 鹽　適量
- 已用水泡軟的冬粉　60g
- 豆芽菜　1包

作法

1. 雞湯與雞肉下鍋煮滾，放入切成1㎝塊狀的豆腐、切成細絲的黑木耳。
2. 再次煮滾後，加入櫻花蝦和麻油，以鹽調味。接著加入冬粉，煮至滾沸。
3. 將生豆芽菜擺進容器，雞肉切成方便入口的大小，舀入2即完成。

過瘦（想增胖）

蔬菜多多豆漿湯

想增胖就要吃容易消化吸收的食物。細嚼慢嚥，八分飽最好！

纖瘦的人看起來總是顯得「虛弱」，那也是「脾弱」的表徵。與「胃」有著深切關連的「脾臟」，作用是消化吸收食物，將養分運送至全身、防止「血液」流出，並維持臟器與器官的位置。

一旦「脾弱」，食物的營養物質無法順利生成血液或能量，還可能造成食慾不振等情況。

吃東西時，「細嚼慢嚥」很重要。消化吸收食物，提高使用養分的能力後，體重自然會增加。選擇益胃的溫熱食物，充分咀嚼，吃到八分飽即可。

食材效用

改善虛弱體質、助抗老的高麗菜，加上暖脾胃、助消化的南瓜與豆漿，以及具排毒效果的胡蘿蔔、促進血液循環的洋蔥。這道湯能為你打造營養均衡的健康身體。

材料（3～4碗）

- 雞湯 600mℓ
- A
  - 南瓜 50g
  - 高麗菜 ⅛個
  - 胡蘿蔔 ½根
  - 洋蔥 ½個
- 鹽 適量
- 豆漿 500mℓ

作法

1. 雞湯倒進鍋中煮滾後，放入切成適口大小的A煮至軟透，以鹽調味。
2. 趁湯開始滾沸時加入豆漿，關火即完成。

易胖（想變瘦）

吃得飽的瘦身湯

這道湯熱量低，
口味清淡卻非常營養，還能美肌！
令身心十分滿足！

作法…p.068

過瘦（想增胖）

蔬菜多多豆漿湯

口感豐富的大塊蔬菜，
細嚼慢嚥，好好品嚐。
對女性有益的豆漿是這道湯的亮點。

作法…p.069

2. 女性特有的身體毛病

想讓花看起來美麗，你會直接塗上顏色嗎？當然不會那麼做吧！必須把花種在豐沃的土壤裡，給予充足的水分。

中醫學將女性比喻成花朵——同理可知，健康美麗不是「妝」出來的，而是要讓身體攝取平衡的營養與充足的水分（食療）。

最初剛到香港生活的時候，有許多讓我嘆為觀止的事物，其中之一就是——香港人透亮的皮膚。

而且不光是小孩子，就連大嬸、貴婦同樣都擁有水噹噹的膚質。

關鍵字——「溫熱」

舉例來說，我在香港飯店的咖啡廳向服務生要水，對方一看我就知道是日本人，所以端來冰水；臉上毫無斑點的香港貴婦卻是拿到熱水。因為日本的咖啡廳「水都會加冰塊」，所以當時的我覺得很驚訝。

香港貴婦這麼說道：「冰冷的東西會導致體寒。體寒循環就差，這樣很容易變老喔。喝熱水可以暖和身體。祐子也不想太快變老吧？」

有次我去造訪某家事務所，出來接待的大嬸，皮膚光滑看不到任何毛孔，她問我「請問你要喝什麼？熱水嗎？還是溫熱水？」

「蛤？」當時我聽了感到很納悶。

總而言之，香港女性為了不讓身體變冷，每天都會喝熱水。無論貴婦或大嬸，從小都是那麼做，喝熱水早已是理所當然的習慣。對於我的驚訝反應，她們反而更吃驚。

自從有了這些經驗，我開始觀察香港女性。她們的皮膚真的很好，而且去到哪兒一定都喝熱水。

香港女性對於「不讓身體變冷」這件事實在非常用心。

「女生的身體很敏感，一定要好好保養才行」，這是奶奶交代媽媽，媽媽再告訴女兒，代代相傳的叮囑。因此，香港女性總是充滿活力。

而且，為了避免生理痛，通常會事先做好預防，所以很少聽到有人說經痛不舒服。更年期世代的女性都知道如何度過更年期，因為更年期障礙感到難受的人也是少之又少。

香港女性懂得預先改善亞健康，個個皆是洞察先機的高手。

那些高手將寶貴的女性養生智慧傳授給我，許多都是根據中醫觀念的食療。為了幫助各位擺脫亞健康、改善亞健康，我選出幾道針對女性特有毛病的湯，若有符合的症狀，請試著做來喝喝看。

低體溫

暖身百分百的白菜羹

健胃助消化的白菜、
加速循環的雞柳下鍋熬煮，
淋上芡汁，鎖住湯的熱度。

作法…p.076

畏寒

喝了全身暖呼呼！雞肉丸湯

具有暖身作用的蔥加上雞肉丸、牛蒡與胡蘿蔔等根莖類蔬菜，
做成這道讓全身暖呼呼的湯。

作法…p.077

低體溫

暖身百分百的白菜羹

暖血祛寒，整個人由內到外容光煥發，愈來愈美麗！

好發於女性的「畏寒」是一種自覺症狀，與實際的體溫無關，數值沒有明顯變化，但會覺得手腳或下腹部冰冷。反之「低體溫」的特徵是，多數人都不自覺。身體健康的人，基礎體溫約36.5℃，血液循環好、免疫力高，幾乎不太會生病。「低體溫」則是35℃左右，甚至更低。

低體溫會引發甲狀腺功能低下症（又稱作甲狀腺功能減退），不過運動不足、營養不足、壓力等不良的日常生活習慣也會引發這種疾病。

食材效用

促進腸胃蠕動的白菜；暖脾胃、分解毒素的薑與蔥；調節體內水分的冬粉；滋補養身、熱量低的雞柳。為了保持湯的熱度，最後用容易消化吸收的片栗粉勾芡做成羹湯。

材料（3～4碗）

- 雞湯　1L
- 雞柳　2條
- 已用水泡軟的冬粉　60g
- 薑（切絲）　2片
- 白菜　2片
- 蔥　5cm
- 鹽　適量
- 片栗粉　1.5小匙

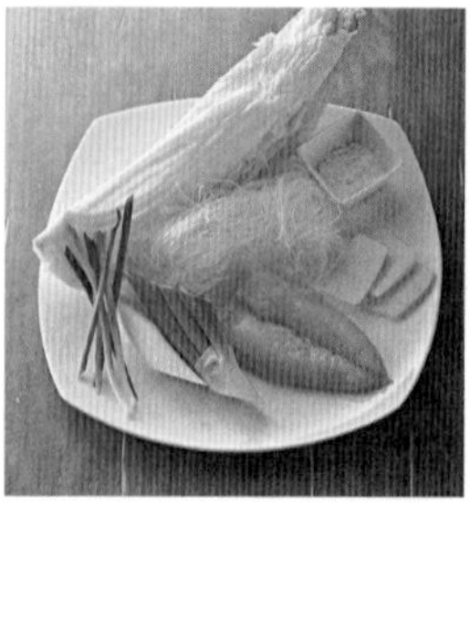

作法

1. 雞湯與雞肉下鍋煮滾，放入切成3cm寬的白菜和薑絲。
2. 再次煮滾後，加入冬粉煮至滾沸，以鹽調味。
3. 蔥切成蔥花加進湯裡，片栗粉用適量的水調開，倒入鍋中勾芡攪勻即完成。

畏寒

喝了全身暖呼呼！雞肉丸湯

手腳冰冷、腹部或臀部畏寒、熱潮紅，只要身體保持暖和就能消除！

一般來說，水分少、質地紮實的食材可暖身，水分多的柔軟食材會讓身體變冷。以下簡單說明一下如何區分暖身與降火的食材。

例如，水分多的牛奶，直接喝是會讓身體變冷的食物，去除水分製成起司就成了暖身的食物。

不少人會把有美容效果的蔬菜做成沙拉或打成果汁，要是煮成湯來喝，不但身體不會變冷，也能攝取更多的量，建議各位多試試。

食材效用

暖腸胃、恢復體力、滋補健身的雞肉丸，加上消除畏寒的牛蒡與能夠分解毒素、促進消化且具補血效果的胡蘿蔔，以及大量有助放鬆安神的蔥。喝了這道湯，身體會一直很暖和。

材料（3～4碗）

- 雞湯　1L
- 雞肉丸（也可用市售品）　6個
- A
  - 牛蒡　10cm
  - 胡蘿蔔　½根
  - 蔥白　10cm
- 鹽　適量

作法

1. 雞湯與雞肉丸下鍋煮熟。
2. 將A全部切絲加進湯裡，煮滾後以鹽調味即完成。

*雞肉丸（6個）的作法
材料（雞胸肉1片、薑1片、大蒜1瓣、蔥1根、鹽¼小匙）
所有材料切末、仔細混拌，加入適量的鹽與片栗粉揉拌，分成6等分，搓成丸子狀。

貧血

熱情的「紅」湯

以滋補健身、促進血液循環、溫暖內臟的
「三強食材」做成的湯。
食材的甘甜令人回味無窮。

作法⋯p.080

髮量稀疏、掉髮

補氣健髮湯

富含膠原蛋白的雞翅、
促進黑髮生成的蓮藕、紅棗與芝麻。
喝了這道湯美顏又養髮。

作法…p.081

貧血

熱情的「紅」湯

「血」對人體很重要！均衡的飲食才能預防貧血。

以前的飲食生活不如現今豐足，人們對於食物自然格外留意。然而，豐衣足食的現代人營養意識反而變得愈來愈薄弱，經常毫無節制地大吃喜歡的東西。儘管不愁吃，貧血的現代人卻日漸增多，飲食失衡是最大主因。此外，過度減重也是導致貧血的要因。

想預防貧血，就要先改善平日的飲食習慣，盡量多攝取營養均衡的溫熱食物。

食材效用

雞肝是預防貧血的超強食材，還可提升免疫力與美肌。搭配暖脾胃、能夠分解毒素的薑，以及促進消化、抗氧化、具有補血效果的胡蘿蔔。最後加入枸杞可提升肝功能、防貧血和抗老化。

材料（3～4碗）

- 雞湯 800 mℓ
- 雞肝 3個
- 胡蘿蔔 ½根
- 薑 2片
- 鹽 1小匙＋適量
- 枸杞 適量

作法

1. 薑磨成泥，加1小匙的鹽混拌，抹在洗乾淨的雞肝上。若是一整塊完整的雞肝，要靜置30分鐘醃漬，切成小塊的放5分鐘即可。
2. 雞湯與切成適口大小的雞肝、切成5㎜厚的胡蘿蔔下鍋，以大火加熱。煮滾後轉中火，煮到胡蘿蔔變軟。
3. 以鹽調味，盛入容器，擺上用熱水泡軟的枸杞即完成。

髮量稀疏、掉髮

補氣健髮湯

充分攝取有助生髮的必要營養成分，讓你擁有強韌濃密的秀髮。

毛髮會反映全身的營養狀態與老化的程度。尤其是頭髮的狀態與腎臟有密切的關連性。中醫認為「髮為血之餘，腎之華在髮」。只要好好養腎就能維持髮色、光澤度、彈性（韌性）等。腎功能健全，自然會加速頭髮的生長。

毛髮是由髮根毛球內的毛母細胞製造，毛母細胞缺乏養分就會掉髮。毛髮的主要成分是蛋白質與礦物質，所以要多攝取蛋白質。鐵、銅、鋅這三種礦物質也很重要。

食材效用

雞翅富含保持肌膚與頭髮、指甲美麗的膠原蛋白；蓮藕含有豐富的維生素C，是體內生成膠原蛋白不可或缺的營養素；薑可暖脾胃；紅棗有助安神；黑芝麻增強精力。這是一道養髮補氣血的湯。

材料（3～4碗）

- 雞湯 800mℓ
- A
  - 雞翅 4根
  - 蓮藕（切成5mm厚的圓片） 3cm
  - 紅棗 4個
  - 薑 2片
- 黑芝麻 1大匙
- 鹽 適量

作法

1. 雞湯與A下鍋加熱，煮滾後轉中火，煮約20分鐘至蓮藕變軟。
2. 以鹽調味，盛入容器，撒上黑芝麻即完成。

生理痛

暖身舒緩湯

白菜、洋蔥、起司，
舒緩女性特有的不適症狀，
經期前喝一碗，擺脫惱人的經痛。

作法…p.084

更年期

輕鬆度過更年期的安神湯

香港女性很少出現更年期障礙。
祕密就在於
這道鮮甜美味的安神湯。

作法…p.085

生理痛

暖身舒緩湯

「由內暖身，促進子宮附近的氣血*循環」是預防生理痛的祕訣。

中醫認為「痛」有所謂絕對的原則——「不通則痛」（氣血阻滯或停止引發疼痛）。

因此，「生理痛是子宮周圍的氣血不順所致」。

或許有人覺得生理痛是理所當然的事，但在中醫的觀念裡，「生理期沒有經痛才正常」。

食療能夠改善全身的不適，症狀輕微的人可以嘗試透過食療讓身體由內暖起來。

＊氣血：中醫用語，意指體內的生氣（生命能量）與血液。

食材效用

白菜富含維生素C，有助排除老廢物質、調整荷爾蒙；洋蔥促進血液循環，有助暖身、減緩經痛。讓湯的味道變溫醇的起司，其實也有舒緩經痛的效果。

材料（3～4碗）

- 雞湯　800 mℓ
- 白菜　1/8個
- 洋蔥（大）　1個
- 易融起司　50 g

作法

1. 白菜切成1 cm寬，洋蔥對半切開，再各自切成4等分。雞湯、白菜和洋蔥下鍋加熱。
2. 煮滾後轉中火，煮至洋蔥變得透明。
3. 接著加入起司，蓋上鍋蓋並關火。待起司融化，趁熱享用。

更年期

輕鬆度過更年期的安神湯

效法「香港女性的飲食生活」，輕鬆告別更年期障礙。

「更年期」即「停經」。香港女性當然也會面臨更年期，卻沒有更年期障礙的煩惱，那是因為她們總是很注重保暖。

中醫認為更年期障礙的根本原因是「腎虛」。隨著年齡增長，容易出現腎功能衰退、荷爾蒙失調等情況。若想輕鬆度過更年期，養腎保暖很重要。「停經是每個人都會經歷的階段」。別勉強自己，放鬆身心，愉快地迎接這個階段。

食材效用

湯頭「鮮味」來源的魷魚、「天然消化劑」的蘿蔔，都是有助改善更年期障礙的食材。再加上促進新陳代謝、潤澤肌膚的雞腿肉，以及提升肝功能，維持荷爾蒙平衡的西芹。

材料（3～4碗）

- 雞湯 1L
- 雞腿肉 1支
- 蘿蔔 4cm
- 乾魷魚 1片
- 西芹（切丁） 1大匙
- 鹽 適量

作法

1. 乾魷魚用熱水泡軟（約15分鐘），也可前一晚或早上出門前先泡。雞湯、切成圓片狀（1cm厚）的蘿蔔、切成一口大小的雞肉、泡軟切塊的乾魷魚下鍋，以大火加熱。
2. 煮滾後轉中火，煮至蘿蔔變軟，以鹽調味。
3. 盛入容器，擺上西芹丁即完成。

3. 身體各處的毛病

中醫有句話說：「人以食為養」，意思是「人以食物維生」。一旦飲食失衡，將會對身體造成危害。

現存最古老的中醫書籍《黃帝內經》也提到「民以食為天，以食為本。上古之人，飲食有節，故能活至百歲」。意思是「食物是人類維持生命不可或缺之物。飲食有原則，必須有節度，這樣才能長命百歲」。「飲食有節」等同於「食療」，這在中醫是非常重要的一環。

每個人的長相、身高、體型、想法與食物的喜好各有所異，體質上的弱點與優勢當然也不同。例如，同樣生活在冬季嚴寒的環境，有些人會感冒、腸胃不適、神經痛，有些人卻生龍活虎、活力十足。俗話說一樣米養百樣人，我們都有自己的個性，也有自己的毛病。

毛病所指的是身體某處失衡的狀態，而這種失衡的情況會讓身體出現異常。

「畏寒是萬病之源」這句話在港日皆通用，但「萬病」會以何種形式出現，則取決於每個人身體的狀態。

身體著涼感冒，猛打噴嚏造成肋骨骨折；身體受寒讓腸胃蠕動變慢，導致肚子不舒服老是駝著身子；身體畏寒出現神經痛，為了護住痛的部位，導致骨骼歪斜。

最初的毛病出現時，只要趕緊改善，症狀就不會惡化，讓你輕鬆擺脫不舒服的感覺。因此，「及早發現，及早治療」、「有毛病勿拖延，盡快解決」很重要。

首先，就從「食療」開始。

「食療」的基本原則是攝取溫熱的食物。此外，開心的氣氛也很重要。帶著煩躁的情緒用餐，壞心情使循環變差，形成壓力。壓力會傷害消化器官，就算吃再多「補身」的食物也無法達到「食療」效果。

唯有在安穩的氣氛中愉快用餐，才能「滋養身體」並「滋養內心」。

保持愉快的用餐心情、選擇對應身體毛病的食物，讓身心歡喜，食療效果倍增！身體變輕鬆，自然也會變得柔軟。

接下來為各位解說各種身體毛病，若察覺到出現任何一種的「灰色狀態（亞健康）」，請趕緊喝熱湯改善！

便祕

便祕的特徵是「排便相當花時間」、「排出來的便很硬」、「有殘便感」。便祕又分為好幾種類型，特別是生活忙碌的女性，經常會有「痙攣性便祕（又稱腸道易激症候群）」或「直腸性便祕」。

「痙攣性便祕」的特徵是「飯後下腹部疼痛，產生便意」、「糞便形狀似羊糞或是細條狀」。那是因為壓力導致副交感神經過度緊張，使大腸發生痙攣，無法移動糞便。正在搭電車或開會等無法上廁所的時候，突然覺得有便意的過敏性大腸症候群（腸躁症）也屬於這個類型。

朝朝暢通！海帶芽豆腐湯

食材效用

雞胸肉消除身心壓力；海帶芽含有豐富的水溶性膳食纖維，在腸道內包覆毒素，排出體外；豆腐緩解腸內的水分不足。這道湯營養滿分、低熱量，對瘦身也有幫助！

多吃溫熱的食物、細嚼慢嚥，幫助身心放鬆。泡澡讓身體由外暖起來，按摩軟化變硬的腹部，避免飲用造成腹脹的碳酸飲料。

「直腸性便祕」的特徵則是感受不到便意，排便不順。由於糞便較硬，有時還會肛裂。因為平時很忙而錯失上廁所的機會，或是憋著不上，使得感受便意的神經麻痺。所以，一旦有便意請立刻去上廁所。

將膳食纖維豐富的蔬果加熱食用（生食會讓身體變冷），或是多喝溫水都能幫助軟便。此外，運動也能刺激腸道的蠕動。

整腸助消化的纖蔬湯

食材效用

促進腸胃蠕動，使排便順暢，增強體力與氣力的地瓜；解決胃脹、食慾不振、打嗝、腹脹的洋蔥；提升五臟功能、益腸胃的花椰菜；清火解熱的菠菜；安神放鬆的牛奶。一碗湯好料豐富，好處多多！

便祕

朝朝暢通！海帶芽豆腐湯

Recipe

好好排毒，體內不積存毒素，就是健康長壽的祕訣。

材料（3～4碗）

- 雞湯 800mℓ
- 雞胸肉 1片
- 生海帶芽 1把
- 豆腐 1塊
- 鹽 適量

作法

1. 雞肉剁碎備用，海帶芽切成1cm寬，豆腐切丁。
2. 雞湯下鍋煮滾，再加入1。煮至雞肉熟透，以鹽調味，盛入容器即完成。

便祕

整腸助消化的纖蔬湯

Recipe

「腸」常蠕動，宿便不囤積。「腸」常蠕動，隨時好心情，天天都開心。

材料（3～4碗）

- 雞湯 800mℓ
- A
  - 地瓜（略小） 1條
  - 洋蔥 ½個
  - 花椰菜（略大） ¼株
- 牛奶 100mℓ
- 菠菜 1株
- 鹽 適量

作法

1. 雞湯下鍋煮滾，再加入切成小塊的A，煮到變軟，以鹽調味。
2. 把1倒進食物調理機，加入牛奶打勻。
3. 盛入容器，擺上用鹽水燙過並切碎的菠菜。

便祕

朝朝暢通！海帶芽豆腐湯

可幫助軟便的
海帶芽與豆腐，
搭配上雞湯效果更棒！

作法…p.089

便祕

整腸助消化的纖蔬湯

提振精神的地瓜與花椰菜、
潤腸通便的菠菜與洋蔥，
都能讓腸道恢復活力。

作法…p.089

腸胃不適

我們常形容身體健康的人感覺「很有活力（guts）」，「guts」在英語中也是「腸子、內臟」的意思。腸胃強壯的人，自然身體健康。

中醫認為腹部不適是「脾」、「胃」功能惡化所致。

「脾臟」負責「腸胃」的消化吸收。

「脾臟」功能衰退時，會出現「腹瀉、下腹部疼痛、飯後腹脹、倦怠、疲勞」等症狀。

另外，「胃」不舒服時，會感到「心窩痛、腹脹、打嗝、反胃、噁心想吐、食慾不振」。腸胃功能下降使得體內氣虛，容易出現缺乏活力、身體倦怠、疲勞等症狀。

香港家庭必備的元氣湯
食材效用

幫助增強肝功能、清血、消除身心疲勞，以及預防腸胃病的番茄；能夠滋補五臟、造血、安撫焦躁不安的情緒，並且具有助眠效果的雞蛋。這道湯可說是香港的媽媽味。

平時很健康的人，也會因為疲勞而失去食慾。吃不下東西時，要特別注意別讓腸胃著涼。同時避免過量的生冷飲食、多吃熱食，保持下半身溫暖。

覺得腸胃虛弱時，應「少量」攝取「容易消化的食物」，並且「充分休息」。

此外，「開心」是很棒的特效藥。多休息、做些令自己開心的事，就能成為很有活力的人！

注入滿滿活力的肉豆蔻湯
食材效用

雞胸肉富含人體必需胺基酸「菸鹼酸」與「甲硫胺酸」，可有效預防神經性胃炎（因神經持續緊張引發的胃炎），加上暖脾胃、調整腸道環境、安神的肉豆蔻。做法超簡單，效果棒！

食慾不振

香港家庭必備的元氣湯

Recipe

任何時候喝都覺得美味，學會以後隨時都能做來喝。

材料（3～4碗）

- 雞湯 800㎖
- 番茄 1個
- 蛋 2顆
- 油（麻油等）適量
- 鹽 適量
- 平葉巴西里 適量

作法

1. 蛋加入2大匙的雞湯攪拌，下鍋用少量的油炒散。
2. 番茄滾水去皮後，去籽切碎。雞湯下鍋煮滾，再放入番茄，以鹽調味。
3. 把炒蛋裝進小杯子裡，倒扣於容器中央。再把2淋在周圍，依個人喜好擺上巴西里即完成。

腸胃虛弱

注入滿滿活力的肉豆蔻湯

Recipe

腸胃虛弱的人，請留意別讓腸胃受寒喔！

材料（3～4碗）

- 雞湯 800㎖
- 雞胸肉（也可用熬湯剩下的肉） 1片
- 肉豆蔻（磨成粉） 2撮
- 鹽 適量

作法

1. 雞湯、雞肉與肉豆蔻粉下鍋加熱，煮滾後轉中火，煮至雞肉熟透，以鹽調味。
2. 取出雞肉切片，連同1一起盛入容器，撒上少許的肉豆蔻粉（分量外）即完成。

腸胃不適／食欲不振

香港家庭必備的元氣湯

無論大人小孩、難過或開心的時候
都能喝得津津有味。

作法…p.093

腸胃不適／腸胃虛弱

注入滿滿活力的肉豆蔻湯

做法超簡單，增強活力的肉豆蔻雞湯。
喝完之後立刻精神百倍。

作法…p.093

容易疲倦

清甜干貝湯

長期處於「容易疲倦」的狀態就是亞健康的徵兆。透過每天的食療，找回健康活力！

不管是誰，都會有覺得「累」的時候，我們必須好好正視這個問題。

疲勞是來自睡眠不足、過勞、人際關係等壓力，對身心造成的負擔所累積下來的結果。

中醫的「五勞」提到「久臥傷氣」。意思是「長期運動不足、生活不規律，會導致維持人體生命活動的氣血循環變差、新陳代謝變慢，因而感到疲勞」。

食材效用

干貝也是一種中藥材，具有絕佳的「滋補健身」效果，對改善眩暈或口渴也有幫助；白菜可疏通體內阻滯，促進循環；點綴用的枸杞也能改善畏寒、消除疲勞，以及預防眼睛疲勞。

材料（3～4碗）

- 雞湯　800 mℓ
- 白菜　1/8個
- 干貝　1把
- 枸杞　適量
- 鹽　適量

作法

1. 前一晚或當天早上，先將干貝放入雞湯裡泡軟。接著倒進鍋中煮滾，再加入切成2cm寬的白菜，轉中火煮至白菜變軟。
2. 以鹽調味，盛入容器，擺上用熱水泡軟的枸杞做裝飾即完成。

身體各處的毛病

免疫力下降

清爽綠豆粥

提高免疫力，身體自然不生病，還能維持健康與年輕。

各位應該都聽過「元氣（精氣）」或「氣力（體力）」等詞彙，人體內有各式各樣的氣，作用也各不相同。例如，透過呼吸從大自然進入體內的氣稱為「清氣」、從食物消化吸收到的氣稱為「穀氣」。中醫將保護身體不受病毒或細菌、花粉等外敵入侵的防護功能稱為「衛氣」。

不光是過敏疾病，感冒、慢性疲勞、畏寒、肌膚粗糙等，皆是因為「衛氣」不足。

食材效用

有「全營養食品」之稱的蛋可有效提升免疫力；綠豆不僅能預防生活習慣病，還能排除體內毒素、促進身體循環、調節體內水分。加上暖脾胃、放鬆身心的薑，這道湯簡直天下無敵！很適合當早餐。

材料（3～4碗）

- 雞湯　1L
- 綠豆　1杯
- 蛋　2顆
- 薑（磨成泥）　2片
- 鹽　適量

作法

1. 雞湯與綠豆下鍋加熱，煮滾後轉小火燉煮30分鐘。煮至綠豆變軟，以鹽調味。
2. 接著加入蛋液拌勻，盛入容器，擺上薑泥即完成。

容易疲倦

清甜干貝湯

白菜助消化，
干貝能補充身體所需的水分與營養。
滋補健身的枸杞消除煩悶的情緒！

作法…p.096

免疫力下降

清爽綠豆粥

綠豆促進血液循環，
雞蛋補充營養。
加上醒神的薑，喝完精神飽滿。

作法…p.097

失眠

一覺到天亮的助眠蛤蜊湯

晚上 9 點到清晨 5 點是內臟的排毒時間，假如這時候還沒睡，身體就無法排毒。

西醫認為失眠是一種精神症狀，並非身體不適，所以通常會讓患者服用不易成癮的安眠藥。但在中醫的觀念裡，心（精神）的症狀等同身體。例如「情緒焦躁」是心的症狀，治療方式與「腹痛」、「頭痛」、「腰痛」等身體症狀相同。

失眠與感情有著密切的關連性。過度亢奮的情況持續太久，對臟腑的氣血會產生不良影響。

身心狀態調整好，自然能夠擺脫失眠困擾。

食材效用

熱牛奶是「消除疲勞的安眠飲品」；蛤蜊除了能修復「肝臟」的異常、改善焦躁情緒，還能緩解痠痛、消除煩躁、補充水分與營養；薑可暖脾胃、放鬆寧神。

材料（3～4碗）

- 雞湯 600 mℓ
- 蛤蜊 10 個
- 牛奶 1 杯
- 薑 2 片

作法

1. 蛤蜊泡水吐沙備用，薑片切絲。雞湯與蛤蜊、薑絲下鍋煮滾。
2. 煮至蛤蜊的殼開了，加入牛奶並關火。蛤蜊本身的鹹味就足夠了，不必另外加鹽。

壓力過多

舒壓打氣湯

既然要靠吃消除壓力，當然要吃對身體好的東西！

「壓力」分為「精神」與「肉體」兩方面，不過其實外來刺激也都應視為「壓力」。例如「空氣乾燥」對肌膚是肉體的壓力，看到「棘手的人」就會產生精神壓力。

能不能坦率做自己、是不是太拼了、是否太在意別人的評價等，學習靜下心好好面對自己。然後試著放輕鬆，喝碗熱呼呼又美味的湯也很重要。

食材效用

百合根有助改善因荷爾蒙失調或壓力過多引起的情緒不穩；蓮藕可提升免疫力、抑制過敏、緩和壓力；梨子對消除疲勞、消水腫、預防宿醉很有效。再加上改善畏寒性的枸杞，堪稱超強組合！

材料（3～4碗）

- 雞湯 800㎖
- 百合根 3個
- 蓮藕 50g
- 梨子 1個
- 鹽 適量
- 枸杞 適量

作法

1. 雞湯與切成1cm塊狀的蓮藕和梨子下鍋加熱，煮滾後轉小火，煮至蓮藕變軟。
2. 將百合根一瓣瓣剝開放進湯裡，煮10分鐘，以鹽調味。
3. 盛入容器，擺上用熱水泡軟的枸杞裝飾即完成。

失眠

一覺到天亮的助眠蛤蜊湯

安撫亢奮的大腦，
鎮定躁動的情緒，
我們楊家人睡不著時，一定會喝這道湯。

作法…p.100

壓力過多

舒壓打氣湯

蓮藕消除焦躁感，百合根安心寧神。
搭配上清甜潤肺的梨子，
用這碗湯好好犒賞自己。

作法…p.101

腳抽筋

菠菜雞蛋補血湯

睡到半夜腳抽筋真難受。只要體內血量充足，就能安眠到天明。

腳抽筋的直接原因是「貧血」。因為血液中含有水分，想要促進血液循環，必須攝取充足的水分。身體流汗時，礦物質也會一併流失，礦物質不足也是造成腳抽筋的原因。

身體是由飲食構成，若無法從食物獲取造血的養分，當然會缺血。為了增加血液，盡量多吃富含營養與水分且好消化的食物來改善體質。

食材效用

「營養寶庫」的雞蛋與「造血」好幫手的菠菜，加上預防改善骨質疏鬆症、提升免疫力、消除疲勞、抗老化的蝦米，以及具有止痛效果的蔥。促進血液循環、補充營養與水分，一碗湯就搞定了！

材料（3～4碗）

- 雞湯　800㎖
- 蝦米　50g
- 蛋　2顆
- 菠菜　2株
- 細蔥（切成蔥花）　3～4根
- 鹽　適量

作法

1. 雞湯與蝦米下鍋加熱，煮滾後將蛋液以畫圈方式淋入，用打蛋器仔細攪散成細沫。
2. 以鹽調味，盛入容器。擺上用鹽水燙過並切成3～4㎝長的菠菜，撒上蔥花即完成。

腳水腫

冬瓜薏仁湯

將導致水腫的「老廢物質」通通排出體外非常重要。

身體最容易水腫的部位是腳。因為離心臟較遠，血液經常不流通，加上重力作用，所以容易囤積水分。在中醫的觀念裡，水腫是「水毒」所致。

水毒是指「水分」停滯的狀態。也就是說，身體的排水狀態不佳。水分囤積在體內，身體會變冷。胃的消化吸收也會變差，出現食慾不振的情形。又因營養不良引發各種不適症狀。解決的方法是「時常提醒自己攝取充足的溫水」。

食材效用

冬瓜利尿作用顯著，瓜皮的部分尤佳，請連皮使用；薏仁可消除便祕，有助於消水腫與排毒，還能緩解疼痛；微辣提味的薑也具有暖身效果。

材料（3～4碗）

- 雞湯　1L
- 冬瓜　150g
- 薏仁　4大匙
- 薑　2片
- 鹽　適量

作法

1. 冬瓜切成適口大小，薏仁略為清洗，薑磨成泥。連同雞湯一起下鍋加熱，煮滾後轉中火煮30分鐘。
2. 煮至冬瓜、薏仁變軟，以鹽調味即完成。

＊冬瓜不去皮。

腳抽筋

菠菜雞蛋補血湯

改善血液循環，充分補充營養，
給你紅潤好氣色。

作法…p.104

腳水腫

冬瓜薏仁湯

排水消腫又滋補，還有美肌效果。
幫助你擁有勻稱的美腿！

作法…p.105

眼睛疲勞、乾眼症

護肝養腎湯

近年來 30 多歲的老花眼人口驟增！以「吃的護眼保養品」讓雙眼恢復健康！

眼睛疲勞是指眼睛沒有明顯的異常，可是一直感到疲勞或模糊不清、酸痛等的狀態。有時還會伴隨頭痛或肩頸痠痛、情緒焦躁等身體症狀。大部分的原因是日常生活或工作時用眼過度或過勞、精神疲勞。年齡增長導致的血液循環不順也是可能的原因。

此外，眨眼次數減少會造成角膜表面變乾，這就是乾眼症。中醫認為多數關乎視力的眼部疾病都與「肝」、「腎」功能有關。

食材效用

俗話說「以臟補臟」，所以「肝虛」吃雞肝。番茄有助改善血液循環、消除疲勞；菇類養胃潤身；薑可暖身、增進「腎」功能、排除毒素。最後撒點蔥花增加香氣。

材料（3～4碗）

- 雞湯 800 mℓ
- 番茄 1 個
- 雞肝 2 個
- 菇類（依個人喜好選擇）各 100 g
- 小蔥（切成蔥花）3 根
- 薑 2 片
- 鹽 適量

作法

1. 雞肝用熱水汆燙、清潔乾淨，切成大塊狀。
2. 薑切絲、番茄切滾刀塊、菇類分成小束，連同雞肝一起放入已煮滾的雞湯。再次煮滾後，以小火煮7～10分鐘。
3. 以鹽調味，盛入容器，撒上蔥花即完成。

＊若是使用新鮮的雞肝，不需要事前處理。

身體各處的毛病

偏頭痛

活絡氣血的黑胡椒雞柳湯

大腦血流不順暢造成偏頭痛，透過食療讓血液循環暢通！

以中醫的觀念來看，頭痛的原因是「頭部的經絡使氣血不順」、「氣血衰弱，無法將養分送至大腦」。

中醫理論認為偏頭痛主要與「肝」有關。

偏頭痛的發生，基本上是因為下半身畏寒。

穿著保暖衣物，讓身體由外保持溫暖。攝取溫熱的食物，讓身體由內發熱。調整生活作息，改善血液循環，就能擺脫惱人的偏頭痛。

食材效用

雞柳含有豐富的蛋白質，是構成皮膚、骨骼、血液等的主要材料；黑胡椒具抗菌、防腐作用，有助擴張血管，促進血液循環、刺激交感神經。身體不舒服時，吃東西也覺得難受，喝碗簡單的湯，溫和地滋補身體。

材料（3～4碗）

- 雞湯 800㎖
- 雞柳 2條
- 黑胡椒 適量
- 鹽 適量

作法

1. 雞湯與雞肉下鍋加熱，煮滾後轉中火，慢燉約20分鐘。
2. 以鹽調味，盛入容器，撒上粗磨的黑胡椒即完成。

眼睛疲勞、乾眼症

護肝養腎湯

讓「肝」與「腎」增強活力的
番茄和雞肝。
細燉的精華，請仔細品嚐！

作法…p.108

偏頭痛

活絡氣血的黑胡椒雞柳湯

雞柳增強氣力，黑胡椒暖腸胃、改善不適症狀，
喝了促進血液循環，擺脫疼痛糾纏。

作法…p.109

神經痛

緩解倦怠感的萵苣粉絲湯

神經痛容易變成慢性化的疼痛，以改善體質的「食療」讓身體無痛一身輕！

引起神經痛的代表性原因是「濕氣與畏寒」。如同肩頸痠痛或腸胃問題，「體內或環境的濕氣、畏寒」是導致神經痛的原因。佔大多數的濕氣型神經痛，特徵是「無論氣候寒暖，一整年都會痛」。雨天或天氣變差時，疼痛感會增加，或是長時間持續沉重的鈍痛、膝蓋或腳踝積水等體內囤積濕氣的症狀。

不過，受到季節、氣候寒暖變化的影響也不在少數。神經痛是好發於中高年族群的「身體毛病」。

食材效用

具解毒排毒作用、利尿效果的冬粉；有助解毒排毒、提升免疫力、防黴抗菌、補血與水分的菇類；以抗氧化作用達到抗老化的豆漿。加上放鬆身心、舒緩疼痛的生萵苣，一碗湯全是好料。

材料（3～4碗）

- 雞湯　1L
- 萵苣（小）　1個
- 冬粉　10g
- 菇類（依個人喜好挑選）　各100g
- 豆漿　1杯
- 鹽　適量
- 平葉巴西里　適量

作法

1. 雞湯與分成小束的菇類下鍋加熱，煮滾後放入冬粉、轉中火，煮約10分鐘。關火後加入豆漿，以鹽調味。
2. 將切成4等分的萵苣擺進容器，趁熱舀入1，放上巴西里做裝飾即完成。

口內炎

降火清熱湯

這道港式「湯水」可緩和造成口內炎的元凶——「火氣」。

在中醫的觀念裡，口內炎不只是口腔的問題，而是包含腸胃在內，整個消化系統的問題。因此「腸胃調整好，口內炎自然會痊癒」。

香港人認為口內炎的原因是「火氣」。想像肚子裡有個燃著火的鍋爐，不斷地往裡頭倒油，讓肚子裡變得又熱又乾，這就是「火氣」。

由於氣候的關係，炎熱的夏天就算沒有暴飲暴食，體內也很容易吸熱，囤積「火氣」。

食材效用

苦瓜可去除多餘體熱，有助於消除面皰、口內炎或便祕；有「田裡的肉」之稱的豆腐可預防高血壓與高血脂，還能消除疲勞、安心寧神、抗壓力、預防味覺障礙、強化骨骼與牙齒；枸杞補血之外也能排毒。

材料（3～4碗）

- 雞湯 800mℓ
- 苦瓜 1條
- 豆腐 1塊
- 枸杞 適量
- 鹽 適量

作法

1. 苦瓜對半縱切，挖除瓜囊和籽，切成1cm厚。
2. 雞湯與對半切開的豆腐下鍋煮滾，再加入1滾煮片刻。以鹽調味，盛入容器，擺上用熱水泡軟的枸杞即完成。

神經痛

緩解倦怠感的萵苣粉絲湯

用排除體內濕氣的萵苣，做成補氣的豆漿雞湯，
將「懶神」趕出體外。

作法…p.112

口內炎

降火清熱湯

味苦性涼的苦瓜是排毒效果 No.1 的食材。
搭配生津潤燥的豆腐消解體熱！

作法…p.113

肩頸痠痛

活血化瘀湯

身體由內變暖就會變柔軟。身體的痠痛交給食療解決。

中醫認為肩頸痠痛的原因在於血流不順導致的「瘀血」。多數的慢性痠痛是因運動不足等造成肌肉緊張、血管被壓迫引起血液循環不佳所致。

身體變冷時，肌肉或血管會收縮，避免體溫下降。收縮後會導致血液循環變差，囤積疲勞物質，進而引發痠痛。

「瘀血」與「肝」、「肺」有關。肝臟無法順利解毒，體內容易囤積疲勞物質，呼吸變短、血流緩慢，以致全身得不到充足的氧。

食材效用

通氣活血的蘿蔔與香菇；暖脾胃、分解毒素、促進血液與水分循環的洋蔥；安撫焦躁情緒或不安感的小松菜；暖身且營養豐富的雞肉丸。每樣食材都有獨特的口感，正是這道湯美味的關鍵。

材料（3～4碗）

- 雞湯　800mℓ
- 香菇　4朵
- 胡蘿蔔（小）　1根
- 雞肉丸（可用市售品）　6個
- 小松菜　2株
- 洋蔥　1個
- 蘿蔔　5cm
- 鹽　適量

作法

1. 胡蘿蔔和洋蔥切成薄片，蘿蔔切成扇形片狀，香菇去梗。
2. 雞湯與雞肉丸下鍋煮滾，再加入胡蘿蔔、蘿蔔、洋蔥、香菇，煮至食材變軟。接著放入切成小段的小松菜，再次煮滾後以鹽調味即完成。

*雞肉丸的作法請參閱P.77。

過敏

抗菌消炎雙豆粥

若想改善花粉症、過敏、氣喘，就應該增強胃部的「衛氣」。

人體內的「衛氣」是指，保護身體不受細菌或病毒、高低溫、濕度、乾燥等「引發疾病的外邪」入侵的防衛功能，請將其視為「免疫力」。

想要增強「衛氣」，滋養「肺」、「脾」、「腎」很重要。肺不僅是呼吸器官，還有發汗等體液代謝、調節體溫的功能，以及讓「衛氣」遍佈身體表面的作用。脾臟負責消化食物、吸收養分，並且轉換成能量，製造出「衛氣」的原動力。腎臟則是負責儲氣。

食材效用

具解毒、排毒作用的紅豆與綠豆。除了緩解花粉症、異位性皮膚炎、氣喘等病症，也很適合發炎體質或嗜酒者、蟲咬過敏嚴重的人食用。另外，紅豆與綠豆一起吃也有排膿作用。

材料（3～4碗）

- 雞湯　1L
- 紅豆　1杯
- 綠豆　1杯
- 枸杞　適量
- 鹽　適量

作法

1. 紅豆與綠豆泡水一晚，瀝乾水分。
2. 紅豆與綠豆分別用不同的兩個鍋加雞湯燉煮。煮滾後轉小火，煮約30分鐘。待煮至軟透，以鹽調味，盛入容器，擺上用熱水泡軟的枸杞即完成。

肩頸痠痛

活血化瘀湯

營養豐富、暖身補氣、促進循環，排除造成「痠痛」的疲勞物質。
滿足身心同時注入活力。

作法…p.116

過敏

抗菌消炎雙豆粥

消除體內瘀滯，補充營養、補給健康。
看起來神清氣爽，肌膚水噹噹。

作法…p.117

支氣管炎、感冒

感冒不纏身蓮藕蘿蔔湯

感冒不能光靠吃藥，而且「感冒是萬病之源」。

中醫將疾病分為兩種：由體外感染病毒或細菌等邪氣而發病的「外感病」，以及因生活習慣或飲食生活紊亂而發病的「內感病」。感冒又稱「風邪」，意即「邪氣由外侵入體內的外感病」。壓力或疲勞、睡眠不足等使身體失衡、免疫力下降時，接觸到邪氣很容易感冒。

中醫認為只要肺與皮膚保持健康就能預防邪氣，尤其是感冒的侵襲。

食材效用

提升免疫力、預防感冒的胡蘿蔔；鎮定發炎、止咳、殺菌、消除腸胃疲勞、改善食慾不振的蘿蔔；促進發汗、解熱的薑；幫助因感冒變虛弱的身體盡快恢復體力的蓮藕。這道湯可說是最佳的綜合感冒藥。

材料（3～4碗）

- 雞湯　800 mℓ
- 蓮藕　10 cm
- 胡蘿蔔　1根
- 蘿蔔　10 cm
- 薑（切絲）　2片
- 鹽　適量
- 平葉巴西里　適量

作法

1. 胡蘿蔔和蘿蔔刨成粗絲。
2. 蓮藕切成5㎜厚的圓片。雞湯與薑絲、藕片下鍋加熱，煮滾後轉中火。煮至藕片變軟，煮約10分鐘。
3. 把1加進2裡，煮約5分鐘。以鹽調味，盛入容器，放上巴西里做裝飾即完成。

身體各處的毛病

骨質脆弱

健骨湯

「養骨」非小事，「食療」不可少。

根據中醫觀點，骨質疏鬆症的原因有四點：①年齡增長　②運動不足　③飲食不當　④衰弱體質、病後好發於高齡者或停經5～10年的女性。

近年來因過度減重與運動不足，30多歲的女性也出現骨質密度下降的情況。加工食品雖有熱量，營養價值卻很低，而且添加許多化學合成物質。吃東西還是盡可能購買新鮮食材烹調食用，這也是一種食療。

食材效用

紅椒防止老化、促進血液循環；黃色玉米預防骨質疏鬆症；綠色秋葵除口臭、預防牙周病；白色牛奶穩固身體的基礎。每天都要均衡攝取各色食材。這道湯是預防骨質疏鬆症的祕方！

材料（3～4碗）

- 雞湯　800ml
- 紅椒（大）　1個
- 玉米（罐頭也可）　1根
- 秋葵　6根
- 牛奶　1杯
- 鹽　適量

作法

1. 雞湯與玉米粒下鍋煮滾，再加入切成適口大小的紅椒和秋葵。
2. 待1煮熟後，以鹽調味，加入牛奶並關火即完成。

支氣管炎、感冒

感冒不纏身蓮藕蘿蔔湯

除了預防感冒，感冒初期或是愈發嚴重時，
多喝幾次，就能讓身體恢復元氣。

作法…p.120

骨質脆弱

健骨湯

為了能夠靠自己的雙腳「走到老」，
以強健骨骼的各色食材
做成美味的湯補足骨本。

作法…p.121

高血糖

Q彈可口的藜麥番茄湯

不光是脾臟，五臟功能正常運作才是降低血糖值的祕訣。

中醫稱糖尿病為「消渴症」。主要症狀為三多一少（多飲、多食、多尿，體重減少）。中醫認為原因應出自對胰臟有影響的臟腑，而非胰臟本身。

心——心臟功能衰退所致。年齡增長也是原因之一。肝——肝臟積熱造成血液乾燥所致。原因可能是過勞或情緒焦躁、壓力過大。脾——暴飲暴食引起消化功能亢進所致。或起因於胃酸過多。肺——肺的熱性疾病造成津液*乾燥所致。多半由吸煙等原因引起，同時伴隨咳嗽。腎——更年期或懷孕時罹患糖尿病就是由腎引起。

食材效用

營養均衡的藜麥，熱量和白米差不多，因低醣高纖，食用後血糖值不易上升。加上促進消化、有助消除疲勞的番茄泥，以及可改善血糖值的橄欖油，做成義大利風味的湯♪

材料（3～4碗）

- 雞湯　1L
- 藜麥　¾杯
- 番茄泥　½杯
- 橄欖油　2大匙
- 鹽　適量
- 平葉巴西里　適量

作法

1. 雞湯與藜麥下鍋加熱，煮滾後轉小火，煮約15分鐘。
2. 接著加入番茄泥，再次煮滾後，轉小火煮5分鐘。以鹽調味，盛入容器，淋些橄欖油，放上巴西里做裝飾即完成。

＊譯註：人體賴以維生的各種水液，如汗液、唾液、胃液、尿液等。

身體各處的毛病

高血壓

護心洋蔥湯

自然鮮甜的這道湯十分美味，不需要多做調味。

「血壓」是指心臟將血液推送至全身的力量。「高血壓」則是因為「瘀血」使心臟必須用高壓推送血液的狀態。

「肝」是很容易受到精神壓力影響的器官。現代人普遍壓力大，以致作為生命能量的「氣」與「血」變得不順暢。於是，血液循環也跟著變差，身體的「瘀血」狀態更加惡化，血管老化、硬化，最後演變成高血壓。

食材效用

洋蔥可預防、改善高血壓或血栓生成，這道湯使用了一整顆來熬煮。調味方面是用有助降血壓、富含鈣質的低鹽起司粉，以及促進代謝、含有維生素B_1的培根。一喝就欲罷不能的好滋味。

材料（3～4碗）

- 雞湯 1L
- 培根 4片
- 洋蔥 2個
- 起司粉 2大匙

作法

1. 雞湯與整顆洋蔥、切成1㎝寬的培根下鍋加熱，煮滾後轉小火，煮約30分鐘。
2. 煮至洋蔥變透明後，盛入容器，撒上起司粉即完成。

高血糖

Q 彈可口的藜麥番茄湯

營養滿分、口感十足！
番茄的微酸很提味，
飽足了胃也照顧到心。

作法…p.124

高血壓

護心洋蔥湯

促進血液循環的洋蔥是主角。
用富含維生素的起司及培根取代鹽，
慢火細燉至軟綿化口，或略煮片刻，保留爽脆口感與清甜風味。

作法…p.125

慢性疲勞

顧腸胃的鹹豆漿湯

慢性疲勞的亞健康狀態如果一直持續，身體就會生病。請多留意，別讓疾病纏上你！

檢查不出任何異常卻時常「無精打采、容易疲勞」，中醫認為這是由於「消化功能降低造成能量不足」。過度的壓力或飲食生活紊亂等導致「脾胃」功能降低，影響擴及全身，於是變得容易疲勞。疲勞感是脾胃功能降低的警訊。

因為消化吸收能力衰退，吃再多也胖不了，或是胖得不健康。甚至出現慢性腹瀉或便祕的情況。因個人體質或生活環境的不同，會出現完全相反的症狀。

食材效用

蝦米有助消除伴隨下半身冰冷而來的疼痛不適，有效改善食慾不振、增強精力；以辛香料調味的榨菜可增加食慾、促進循環；豆漿暖脾胃、維持營養均衡。加上利排汗、促進消化的蔥，香港人早餐常喝這道湯。

材料（3～4碗）

- 雞湯 400mℓ
- A
  - 蝦米（用熱水泡軟） 1／4杯
  - 榨菜 20g
- 小蔥 2根
- 豆漿 2杯
- 麻油 少許
- 醬油 適量

作法

1. 將A的材料全部切末，放進碗裡。
2. 雞湯與豆漿下鍋，以小火煮滾。
3. 把2舀入1的碗裡，接著以畫圈方式淋上麻油和醬油，依個人喜好撒些蔥花即完成。

健忘

南國椰香雞湯

人際關係很重要，顧好大腦才能確實記住別人的長相、名字與個性。

這兒的「健忘」是指「很快忘記剛剛聽到的事」、「腦子一片空白，注意力不持久」等，而且是青壯年世代常有的毛病。大腦是會消耗非常多能量的器官。中醫認為「健忘」是因「不足」而起的症狀。大腦能量不足很可能導致健忘。簡而言之，就是「用腦過度」。

大腦過勞會讓掌管精神活動與血液循環的「心臟」功能降低，使得大腦血流不暢。

食材效用

椰子可保留體內必要的水分，排出多餘水分，消水腫、促進血液循環，使身體充滿能量。搭配營養豐富的雞胸肉一起吃，消除身心疲勞，也能恢復專注力。

材料（3～4碗）

- 雞湯　800 mℓ
- 椰子粉　1大匙
- 雞胸肉　1／2片
- 椰子油　1大匙
- 鹽　適量

作法

1. 雞湯與椰子粉、切片的雞胸肉下鍋煮滾。
2. 轉中火，煮至雞肉熟透，以鹽調味。
3. 盛入容器，淋上椰子油，撒些蔥花（分量外）即完成。

慢性疲勞

顧腸胃的鹹豆漿湯

用豆漿做成滑嫩的豆腐花。
香港人每當覺得「好難受！」時，
總是喝這道湯補充元氣。

作法…p.128

健忘

南國椰香雞湯

強化脾臟功能的椰子、
暖脾胃的雞肉，
做成這道清爽順口，舒心醒腦的湯。

作法…p.129

膽固醇與中性脂肪

人體是由約37兆個細胞像管子似的連接而成。管子內隨處可見老廢物質或脂質（中性脂肪或膽固醇）附著。

膽固醇是構成細胞膜的成分，也是合成荷爾蒙、膽汁酸（膽汁的主要成分）等的原料。中性脂肪（三酸甘油酯）則是儲存在脂肪組織的能量，以皮下脂肪的形式保持體溫，降低外來衝擊對身體的傷害。

熱水可以把油洗掉，冷水卻會讓油凝固附著。身體也是如此，冷水進到體內，脂質或老廢物質就會附著。為了清除這些廢物，肝臟會將冷卻的血液變暖，送往心臟。

脂肪肝常被認為是大量飲酒所致，其實喝冷（冰）水對肝臟會造成更大負擔。生冷飲食會讓腹部變冷，腸道蠕動變遲緩，使得腸胃不適，出現腹瀉情況。身體變冷也會對肝臟造成負擔，無法充分發揮原本的功能。

肝臟有負擔的狀態下，中性脂肪增加造成高血脂、慢性疲勞、解毒功能降低，進而對腎臟造成負擔，導致腎臟病、糖尿病等各種疾病接連上身。

中性脂肪過多　食材效用

雞胸肉營養低脂；菇類可活化免疫力、預防生活習慣病；黃豆能抑制體內的脂質氧化，清除附著在血管的中性脂肪；薑具有暖身、促進循環的效用。細嚼慢嚥很重要。

高膽固醇　食材效用

可強化腎臟、增進胃功能的蝦子，除了促進消化還能排除毒素；安定情緒、消除壓力的青江菜。這道湯能穩定身心、促進血液循環，清除附著在血管的膽固醇。

中性脂肪過多

降血脂蕈菇黃豆湯

Recipe

啤酒肚並不是喝酒喝出來的，而是體寒導致脂肪變硬，囤積成大肚腩。

材料（3～4碗）

- 雞湯 800㎖
- 雞胸肉 1片
- 菇類（依個人喜好選用）各100g
- 水煮黃豆 1杯
- 薑（磨成泥）1片
- 鹽 適量

作法

1. 雞湯與黃豆、切成大塊狀的雞肉下鍋煮滾，接著轉小火，煮至雞肉熟透。
2. 放入分成小束的菇類，滾煮一會兒，以鹽調味。
3. 盛入容器，擺上薑泥即完成。

高膽固醇

促進血液循環的蝦肉餛飩湯

Recipe

血液中含水也含油，讓肝臟暖和起來，就能提高解毒功能。

材料（3～4碗）

- 雞湯 800㎖
- 蝦肉餛飩 8個
- 青江菜 1株
- 鹽 適量
- 枸杞 適量

作法

1. 雞湯下鍋，煮滾後放入蝦肉餛飩。
2. 待餛飩浮起後，放入切成小段的青江菜滾煮一會兒，以鹽調味。
3. 擺上用熱水泡軟的枸杞即完成。

＊蝦肉餛飩（8個）的作法

材料（餛飩皮8片、青江菜1片、5㎝左右的蝦子5隻、鹽1小撮）

青江菜用水燙過後切碎、瀝乾水分。蝦子剁碎，加入青江菜與鹽混拌，分成8等分，用餛飩皮包好。

中性脂肪過多

降血脂蕈菇黃豆湯

菇類、黃豆、雞肉的組合
有助降低中性脂肪。
看了令人食指大動，對減重也有幫助！

作法…p.133

高膽固醇

促進血液循環的蝦肉餛飩湯

蝦子富含提升肝功能的牛磺酸，
青江菜能消阻滯，增進血液循環。
一口口喝下鮮美的湯，身心都獲得滿足！

作法…p.133

後記

我有個19歲的兒子，記得生下他之後，我胖了27公斤。直到產後六個月我才驚覺這件事。照理說，產後四個月左右就會恢復至產前的狀態。要是沒恢復，恐怕就回不去了。當時我很茫然，大受打擊，每次吃東西就覺得心情沮喪。

忽然間我想起「對了，我學過中醫啊！」這下正好！

以往實行過的減重方法都是主張「變胖是因為攝取了多餘的熱量。因此，必須節食，還要運動消耗熱量。」換作中醫的觀點則會先思考過食的原因，比方說自問「為什麼會吃太多？」仔細想想發覺「其實肚子不餓，只是有點嘴饞，剛好眼前又有食物，所以就吃了。」最後得出結論「吃太多是因為壓力」，進而思索「壓力從何而來？」

不光是我本身，大多數的人經常為了人際關係搞得自己心煩氣躁，或是身體變冷導致循環變差，這些都是形成壓力的原因。身心與體內的脂肪變得硬邦邦，於是發胖。

根據中醫的觀點，「變胖」並非自己「吃太多」闖的禍，「內心的焦躁情緒」和「身體畏寒」才是罪魁禍首。因此，只要找出可以解決焦躁情緒和畏寒的方法就行了！

不怪罪自己，自然能以冷靜的態度看待一切。然後，開始實行「暖身第一」的生活，使身心變得輕鬆自在。一年半後，壓力與體內的頑強脂肪全都消失了。

「中醫帶給我這麼棒的效果！」

那個當下，我體認到中醫不單單是門「學問」，更是「守護健康」的真理。

其實在我定居的香港，每天「喝熱湯」的香港人都在實踐中醫的理論。每日三餐加上配合氣候或身體狀況簡單熬煮的一碗湯，這正是香港人健康長壽居全球之冠的要訣。這麼「好康」的事豈能獨享，基於這個想法，催生出了這本書。

不以醫學的力量延長壽命，一天一碗熱湯溫潤滋補，造就輕鬆安適的身心。希望各位都能「無病無痛、活力到老」，欣然迎接人生的尾聲。

楊家烹飪團隊

（圖中）楊建龍，中醫博士、香港中藥聯商會榮譽會長、香港中國醫藥學會會長 、草本安全標準委員會執行副委員長，要吃什麼全由他決定，也會下廚露一手。（圖左）TASHI 先生，尼泊爾人，是有專業執照的「雪巴人（Sherpa，高山嚮導）」。曾任職於某 5 星級飯店、某大使館，現為楊家烹飪團隊的主廚。（圖右）TASHI 先生的太太 INA 小姐。

祐子的
私房推薦！

令人莞爾香港人的活力祕訣

為了活得健康開心 香港人對於中醫和風水 有一套獨特的見解

我的專長是中醫。

「為什麼中醫的專家要聊風水？」或許有人有這樣的疑問。其實「風水」與「中醫」併用有助於達成健康長壽的目標。東方最古老的書籍就是四書五經中的《易經》，內容是以體系化的方式彙整天文、地理、人事、物象的變遷與變化的預測。「中醫」就是依循此書培養健康的身體，

1 香港超正宗老鋪中國茶莊

→ P140 之 1

2 名人出沒深夜的糖水店

→ P140 之 2

由左上起順時針方向依序為，
紅豆沙：有助瘦身。
麻蓉湯圓（薑汁芝麻湯圓）：預防宿醉。
木瓜雪耳（木瓜白木耳露）：美膚、豐胸。
白果腐竹（銀杏豆皮）：抗老化。
香滑芝麻糊（黑芝麻甜湯）：增強活力。
番薯糖水（薑汁地瓜湯）：健胃整腸。

「風水」也是根據此書造就健康的環境。健康長壽的首要條件就是「身體與環境的健康」。

香港有句俗諺：「一命、二運、三風水、四積陰德、五讀書」，這些是「開運的關鍵與順序」。先天條件為「命」，後天環境造「運」，其次是造就健康環境的「風水」。第四點的「積陰德」是指默默行善積德。最後是「讀書（求學）」。

我們無法改變自己的「命」，如果肯努力，也許能改變「運」。然而，了解並實行「風水」的話，就可以實現自己的夢想。篤信風水的香港人，除了都市計畫的推行，從家宅架構、飲食等日常生活的一切都離不開「風水」與「中醫」。以下為各位介紹能夠體驗香港風水能量的方法與場所。

3 獨享億萬夜景的絕佳景點

→ P141 之 3

4 親身體驗超有感的「許願樹」

→ P141 之 4

1 九龍城「茗香茶莊」

「福祿壽」
享茶者福（福者懂得享茶）
品茶者祿（祿者懂得用茶）
飲茶者壽（壽者懂得天天飲茶）

「有福的人知道如何泡出好喝的茶、有地位的人能掌握奉茶的好時機、長壽的人都會每天喝茶滋養身體。」

這段話是前代店主陳老伯告訴我的。

順帶一提，在香港「紅、黃、綠」各有其涵義，紅代表「福」，黃代表「祿」，綠代表「壽」。

新鮮茶葉正好就是「綠」色。

該店目前由第三代陳先生經營。店內的茶葉未做任何加工處理，能品嚐到最天然的茶味。售價以一斤（600g）標示，零買散裝也行。而且，可以直接在店內看到各種茶葉。在客人不多的時段，可請店家提供試飲。

「茗香茶莊」
地址：九龍城侯王道 77 號
營業時間：8:30 ～ 20:00
公休日：僅年初一
建議從九龍搭計程車前往。

香港頂尖美食家蔡瀾先生監製的暴暴茶。300g ／ 30 港幣。

2 佐敦「糖水檔」

凡事盡可能親力親為，「夢想成為一國一城之主」的香港人，下班後通常會「兼差努力賺錢」，或是「進修考取對工作有幫助的證照」，這種習性從過去到現在幾乎沒有改變。

因此，除了早午晚三餐，香港人還會吃宵夜。

這家店從以前就是那些為了實現夢想努力奮鬥的人們深夜時裏腹的去處。

每道料理的價格都很平實，達成夢想的客人憶起往事時也總會想起這家店。

所以，某些當代知名的藝人、富豪都會悄悄來到這裡。

一般民眾見到那些人不會急著上前攀談，而是在心中暗想「總有一天我也要變成那樣！」這也是香港人的優點。

有機會到店裡喝碗溫熱的「糖水」，為身心注入「香港人的活力來源」！

「糖水檔」
地址：九龍佐敦渡船角文匯街 25 號文景樓地下 C 號鋪
交通資訊：在 MTR「柯士甸」站下車，步出 A 出口，往右側的渡船街直走，在文匯街左轉，直走到底，店家就在右側。
營業時間：16:30 ～隔日 4:30
公休日：僅年初一

3 馬哥孛羅香港酒店6樓停車場的夜景

香港的地形在風水上屬「迴龍顧祖」，也就是龍頭回首、心繫祖先的意思。

從中國飛來的祥龍，在香港島太平山轉頭望向九龍半島。

置身香港就要卯起來吸收「龍的能量」，這話聽來令人莞爾，卻是香港人活力的祕訣，就連大白天也是這樣。

香港島位於九龍半島的南方，在風水上，南方屬「成功與名望」的方位。

想獲得成功名望，「火」的能量很重要。燈火灼燦的夜景正是最佳的「火能」。此外，風水也提到「海」能夠淨化萬物。來這兒觀賞夜景就能同時得到「龍＋南＋火＋海」的能量。

我之所以推薦此處是因為很少人會來這兒欣賞夜景，各位可以獨享龍的能量（笑）。地點是「馬哥孛羅香港酒店」6 樓的停車場。從飯店 1 樓大廳搭電梯到 6 樓後，沿著停車場的「CARPARK」箭頭指示走就會抵達室外停車場。

「馬哥孛羅香港酒店」
（The Marco Polo Hong Kong Hotel）
地址：香港九龍尖沙嘴廣東道 3 號海港城

4 一試再試直到掛上枝頭的「許願樹」

「一直丟到掛上去為止，真的很靈」，林村的「許願樹」使我見識到香港人的心胸寬大。這樣的許願方式，讓人可以先體驗到實現願望的喜悅。

首先，購買綁上紅色許願卡的許願橘。

許願卡的正面印有四字成語的勾選項目（附英譯），全選也沒關係。背面是隨意書寫的部分，建議各位寫具體一點。別忘了寫上地址和姓名。

寫好後，拿到許願樹下往上扔。據說只要掛到樹枝上，願望就會實現，一次就成功的人非常幸運。總之，就是丟到掛上去為止。成功了會覺得很有成就感，也就是「不放手，直到夢想到手！」

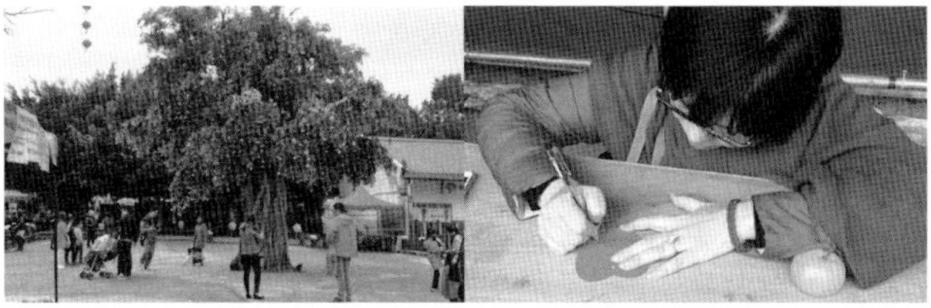

「許願樹」
地址：香港新界大埔林村
交通資訊：在 MTR「大埔墟」站下車，搭乘 64K 或 64P 公車至「放馬莆」。
開園時間：7:00 ～ 17:00

5 經濟實用！「裕華國貨」的熱門伴手禮

「裕華國貨」這家在地百貨供售各種香港人的日常生活必需品。全棟共5層樓，地下樓層是食品賣場，地上樓層從服飾、餐具、文具到中式家具應有盡有，高級奢侈品與平價商品皆有供應，品項豐富多元。

❶

❷

❸

❹

❺

❻
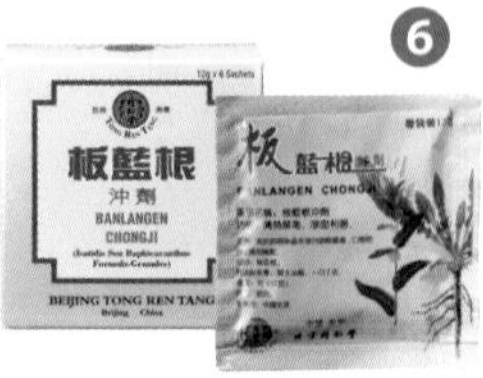

❼

❶「雲南白藥」牙膏　42港幣（3樓）
國家機密級的傷痛藥膏「雲南白藥」推出的牙膏。具有止血、促進血液循環等驚人效用。可消炎、抗菌、促進代謝、防止牙齦出血，以及對抗與牙周病相關的所有發炎症狀。

❷「貴花」首烏天麻人蔘洗髮精＆護髮素　各46港幣（3樓）
焦躁、偏頭痛、眩暈等，有這些頭部不適症狀的人不妨試試這款洗髮精與護髮素。當中添加的中藥成分會有幫助。洗頭時按摩頭部，使其滲透吸收，還能改善煩躁的情緒。

❸深層淨化護理梳　280港幣（3樓）
頭部也和腳底一樣有身體各器官的反射區，用梳子給予刺激，不但能讓頭髮變得有光澤、增進頭皮健康，還可兼顧中醫美容學的「抗老 × 健康 × 長壽 × 美麗的外表」。也就是說，舉凡頭痛、肩頸痠痛、眩暈、水腫、壓力、失眠、掉髮、髮量稀疏、白髮、肌膚乾燥、黑眼圈等，「梳一梳」即可，超簡單！

❹「貴花」濃眉靈　170港幣（3樓）
「在連結鼻翼至眼尾的線上」，這是眉毛的黃金比例。在風水上，這與人際關係有關。若眉毛稀疏或是斷眉，在人際關係上也會出問題。眉毛少的人請用這個讓眉毛變濃密。

❺「白蘭氏」雞精（6瓶裝）　91.90港幣（1樓）
以全雞熬製，不添加防腐劑和人工色素，不含脂肪與膽固醇。起初我以為那是做菜用的調味料，據說是180年前，英國皇室的主廚為了女王特製的補身飲品。一次喝一瓶，常溫飲用即可，喝起來就像雞湯。覺得累的時候，請試著喝喝看。你會發現思緒變清晰，真的很提神醒腦！

❻「北京同仁堂」板藍根沖劑　27港幣（1樓）
以前香港SARS疫情嚴重時，這款感冒藥賣得非常好。如今就算不是流感的季節，對香港人來說，「漱口、洗手、板藍根沖劑」已成為一種口號，這是預防流感的家庭常備藥。

❼新疆黑蜂蜂蜜　88港幣（地下樓）
蜂蜜是富含胺基酸、酵素等營養成分的健康食品，「黑蜂蜂蜜」更是頂級。棲息於新疆伊犁高原，體力足以應付零下30℃寒冬的黑蜂，採集高山植物的花釀成珍貴的蜂蜜。腸胃不適、失眠，或是心、肺、肝有問題、高血壓患者，建議可以在早晚空腹的狀態下，取2茶匙左右的蜜兌以150～200ml／60℃以下的溫水泡來飲用。

＊上述的商品資訊與價格為2016年3月的資料。

「裕華國貨」
地址：九龍彌敦道301-309號
交通資訊：在MTR「佐敦」站下車，步出A出口，往左徒步1分鐘。
營業時間：10:00～22:00
公休日：僅年初一

6 財運亨通！龍的通道「香港上海匯豐銀行」（HSBC）

說到香港風水的知名建築物，莫過於香港上海匯豐銀行（HSBC）。位處香港中環、面向維多利亞港，佔地遼闊，毫無遮蔽物。地上樓層全部打通只留支柱，配合龍曲身移行的動作，建造坡度和緩的地板，目的是為了「確保龍的通行」。

HSBC的左側是中國銀行的總行，高達70層的摩天大樓，外觀像一把豎起的刀。中國銀行朝HSBC的方位揮刀似的角度，這在風水上象徵著「削弱對方的氣勢」。對此感到不滿的HSBC隨後也在自家大樓的樓頂，朝著中國銀行的方向加蓋仿造「大砲」外觀的電梯，化解風水的不利（圖中的紅圈處）。

HSBC的右側是渣打銀行（Standard Chartered Bank）。為了讓「財運滾滾來」，刻意將整棟建築物的正面斜切。擺在門口的大石球是為了吸引HSBC的獅子，因為「貓喜歡玩球」。用意是想吸取HSBC的強運。若有機會造訪此處，試著想像龍的心情，穿越那寬敞的大廳，往維多利亞港前進！

為能量身打造的波形地板

「香港上海匯豐銀行」

地址：香港中環皇后大道中 1 號

交通資訊：在 MTR「中環」站下車，步出 K 出口，直走 20m。穿越皇后大道中，銀行就在眼前。

VF0100

世界一流的港式家傳雞湯

補氣血、暖腸胃，向長壽的香港人學習融合中醫觀念的飲食智慧，
用一種雞湯湯底變化出 50 道創意湯品，一日一湯常保健康。

原書名　世界一の養生ごはん
作　者　楊 高木祐子（YU TAKAGI SACHIKO）
譯　者　連雪雅

總編輯　王秀婷
責任編輯　張成慧
版　權　向艷宇、張成慧
行銷業務　黃明雪、陳彥儒

發行人　凃玉雲
出　版　積木文化
104台北市民生東路二段141號5樓
電話：(02) 2500-7696｜傳真：(02) 2500-1953
官方部落格：www.cubepress.com.tw
讀者服務信箱：service_cube@hmg.com.tw
發　行　英屬蓋曼群島商家庭傳媒股份有限公司城邦分公司
台北市民生東路二段141號11樓
讀者服務專線：(02)25007718-9｜24小時傳真專線：(02)25001990-1
服務時間：週一至週五09:30-12:00、13:30-17:00
郵撥：19863813｜戶名：書虫股份有限公司
網站：城邦讀書花園｜網址：www.cite.com.tw
香港發行所　城邦（香港）出版集團有限公司
香港灣仔駱克道193號東超商業中心1樓
電話：+852-25086231｜傳真：+852-25789337
電子信箱：hkcite@biznetvigator.com
馬新發行所　城邦（馬新）出版集團 Cite（M） Sdn Bhd
41, Jalan Radin Anum, Bandar Baru Sri Petaling, 57000 Kuala Lumpur, Malaysia.
電話：(603) 90578822｜傳真：(603) 90576622
電子信箱：cite@cite.com.my

封面設計　郭家振
內頁排版　優士穎企業有限公司
製版印刷　中原造像股份有限公司

城邦讀書花園
www.cite.com.tw

原書協力人員
攝影｜高島兼吉
插畫｜浅生ハルミン
書籍設計｜花平和子（久米事務所）
楊家料理團隊
總監｜楊建龍
掌廚｜Tashi Tshering Sherpa,
Elneva N. Ayoga

2018年1月30日　初版一刷
2018年4月25日　初版三刷
售　價／NT$350
ISBN 978-986-459-118-3

國家圖書館出版品預行編目（CIP）資料

世界一流的港式家傳雞湯 / 楊 高木祐子著；連雪雅譯. -- 初版. -- 臺北市：積木文化出版：家庭傳媒城邦分公司發行, 民107.01
面；　公分
譯自：世界一の養生ごはん
ISBN 978-986-459-118-3(平裝)

1.食譜 2.湯 3.食療

427.1　106022830